幸福关系

韩永华 ❤ 著

北京日报出版社

图书在版编目（CIP）数据

幸福关系 / 韩永华著 . -- 北京：北京日报出版社，2023.12
 ISBN 978-7-5477-4623-3

Ⅰ.①幸… Ⅱ.①韩… Ⅲ.①幸福—通俗读物 Ⅳ.
① B82-49

中国国家版本馆 CIP 数据核字 (2023) 第 102467 号

幸福关系

出版发行：	北京日报出版社
地　　址：	北京市东城区东单三条 8-16 号东方广场东配楼四层
邮　　编：	100005
电　　话：	发行部：（010）65255876
	总编室：（010）65252135
印　　刷：	香河县宏润印刷有限公司
经　　销：	各地新华书店
版　　次：	2023 年 12 月第 1 版
	2023 年 12 月第 1 次印刷
开　　本：	880 毫米 ×1230 毫米　1/32
印　　张：	6
字　　数：	105 千字
定　　价：	88.00 元

版权所有，侵权必究，未经许可，不得转载

前言

为什么你很努力，内心依然感到焦虑和压抑？

为什么不管你怎么做，人际关系中都充斥着误解和伤害？

为什么你不断想证明自己，却仍然无法获得认同和肯定？

为什么你想给孩子最好的爱，却不断地用父母曾经对待你的方式来对待他们？

为什么你掌握了很多知识、懂得了很多道理，却仍然无法运用到现实生活、家庭和亲子关系中？

为什么你无法发挥内在的、源源不断的潜能和力量？

……

究竟是什么限制了你的行动力？答案就是那些你原本早已淡忘的童年创伤，一直都在潜移默化地困扰着你，伤害着你，控制着你。

那么，如何才能走出这个困境？一个有效的方法就是在未来的某一天遇到自己的心灵导师，由他对你进行专业的引导，让这些潜藏已久的伤痛真正得到释放、疗愈和转化,让你的生命重获自由,让你的人生绽放出美丽的花朵。

认真阅读本书,你定能收获人生的启迪,让自己的生命之花绚丽绽放。

目录

第一章 关于人生

人生的三道门：接纳自己，接纳别人，接纳世界　　2
人生必经的四个阶段　　7
成功需要的特质　　12
金钱法则：先舍才能得　　21
找到最真实的自我　　25
善待旅途中遇见的所有"旅客"　　27

第二章 关于成长

没人可以脱离关系独立存在　　32
真正的力量，是敞开胸怀地接纳和包容　　36
你，才是一切的根源　　41
想要变得更强大，就要对自己负责　　45
人性的六个弱点　　49
学会与自己和解　　60
通过他人，看清自己，认识自己　　68

只要愿意，信念系统完全可以改变　　　　　　72
写下愿望并耐心等待，愿望就能真的实现　　　78

第三章　关于情绪

每个人都要对自己的情绪负责　　　　　　　　86
真正影响内在健康的是情绪垃圾　　　　　　　89
不评判他人是一种放下恐惧、感受爱的方式　　93
消耗式的互动，会产生极大的负能量　　　　　98

第四章　关于伴侣

相信缘分，一切顺其自然　　　　　　　　　　104
爱的四个层次　　　　　　　　　　　　　　　107
伴侣是最好的疗愈师与"照妖镜"　　　　　　118
伴侣相处的六个阶段　　　　　　　　　　　　121
礼貌用语，务必烂熟于心　　　　　　　　　　125
同频相吸——吸引力法则　　　　　　　　　　128
懂得，是生命中最美的缘　　　　　　　　　　131

第五章　心灵治愈

信念是潜移默化的心灵力量　　　　　　　　　138
如何治愈童年创伤　　　　　　　　　　　　　145

重建生命得从根部着手　　　　　　152
知道自己究竟想要什么　　　　　　157
一切皆永无止境　　　　　　　　　161

第六章　自我唤醒

知道和做到是世界上最远的距离　　166
想要得到而苦寻却没被满足的东西都在心里　169
受害者情结的自我觉察　　　　　　172
学会给生命做减法　　　　　　　　179

第一章　关于人生

人生的三道门：接纳自己，接纳别人，接纳世界

很久很久以前，有一位王子拜释迦牟尼为师。

这天，王子问释迦牟尼："师父，您知道我未来的生活之路是什么样子吗？"释迦牟尼回答说："将来的你一定会遇到三道门，每道门上都写有一句话。看到这几句话，你就会明白了。"

虽然没有得到确切的答案，王子却没有怨怼，因为他知道师父说的话一定有道理，未知的事情确实无法确切地判断。

结果，没过多长时间，王子就遇到了第一道门，上面写着："改变世界。"于是，王子决定按照自己的理想去规划这个世界，将自认为不妥的事情统统改掉。然后，他就这样去做了。结果，他却发现自己根本无法改变这个世界。

几年之后，王子遇到了第二道门，上面写着："改变别人。"王子决定用美好的思想去教化民众，让他们的性格向着更正确的方向发展。但王子发现，改变别人似乎比改变世界更难，他最终

第一章 关于人生

只能放弃。

再后来,第三道门出现在王子面前,上面写着:"改变自己。"王子决定让自己变得更完美。于是,他就这样去做了。但他发现改变自己同样很困难。

之后,当王子再次见到释迦牟尼时,说道:"师父,我已经穿过那三道门了。但我也发现,世界、别人和自己都很难改变。"

释迦牟尼听了,微微一笑,说:"你现在回头走回去,再去仔细看看那三道门。"

王子将信将疑地扭头往回走。远远地,他就看到了第三道门。可是,这次跟他来的时候不一样,从这个方向看,门上写着:"接纳自己。"王子这才意识到,改变自己时他之所以总感到自责和苦恼,是因为他拒绝承认和接受自己的缺点,会不自觉地把目光放在自己做不到的事情上,从而忽略了自己的长处。

王子继续往回走,在第二道门上,他看到"接纳别人"四个字。这时候他明白了,人们之所以总是怨声载道,是因为他们拒绝接受别人和自己之间的差别,无法理解和体谅别人的难处。

王子继续往回走,在第一道门上,他看到了"接纳世界"四个字。王子明白了,改变世界时他之所以总是失败,是因为他不知道世界上的许多事情是人力无法企及的,只有接纳自己生活的

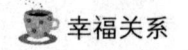

这个世界，才能生活得更加幸福。

这时，他又一次看到了等在那里的释迦牟尼。释迦牟尼对他说："我觉得，现在的你应该已经知道什么是和谐与平静了。"

世界上本就没有十全十美的人，只有学会接纳和包容，才能遇见更好的自己，我们所处的世界才会更美好。

很多人之所以喜欢批判别人，就是缘于不接受自己。看到自己某方面不如别人，就心生妒忌，觉得对方不好或矫情，他很少会想到对别人的限制其实正是对自己的限制；你看别人不顺眼，其实就是看自己不顺眼；觉得别人不可爱，其实就是觉得自己不可爱；对别人不满意，正是因为对自己不满意；真正不能接受的人是自己，而不是别人。只有真正接纳自己、接纳他人、接纳世界，才能活得幸福快乐。

生活中遭遇的每一件事，跟每个人发生的冲突，都是一种象征，都代表了自己内在的冲突和分裂。而内在的冲突就是内心黑暗面的投射；接受自己的黑暗面，就不会被黑暗所困，所有的黑暗也会消失。而要想做到这一点，首先就要忽略外在，对生命充满信任和希望。将面具一层层剥掉，将伤痛一层层释放，封闭的心就能一层层打开，内在就能充满力量。

只有走过释放、疗愈的过程，才能真正接受自我，才能将自己的力量释放出来。对你来说，最让自己感到害怕和最想逃避的，往往就是你最需要去面对和疗愈的。

诸如当你正在为自己的眼睛不够大而烦恼时，也许身边正有一个盲人经过；当你为自己没有挺拔的身材而自卑时，也许正有一个身材矮小的人向你走来……差别就在于，后者领悟了生活中最普通的哲学，懂得珍惜，只要在自己身上发现一个小小的优点，脸上就会洋溢出灿烂的笑容。

我们的世界并不完美，每个人都有自己的不足，也有让别人羡慕的地方。乐观向上的人，会把自己微小的优点当作宝贝，像呵护生命一样去呵护它们；悲观的人，只能看到别人的优点，对自己的优点却视而不见。

善意有度地交流，不以己度人，不随意地纠正别人，是人类最难得的善良和修养，亦是我们的人生必修课。当别人的观点和自己的不一致时，千万不要用自己的三观去要求或指责对方，更不要妄图通过指导或说服别人来卖弄自己的优越感；自己安于现状，也不要去讥讽那些努力奋斗的人。纠正欲太过强烈，不仅会让你失去友情和亲情，更会在你的生活中掀起不必要的风浪。

坚持自己的喜好，不影响他人；尊重别人的价值观，少去破

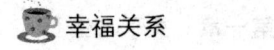

坏别人的兴致，才能过好自己的生活。

在这个世界上，对与错并不绝对，关键在于你的心境有多宽广。简单地对待世界，世界也就不那么复杂。生活中，我们要正确认识自己的优缺点，不断地完善自己，成为一个品质高尚的人；同时，还要胸怀坦荡地对待别人，设身处地为别人着想，与人结缘而不结怨，学会与他人和谐相处。

只有全然爱自己，你才不会感到孤独，无论看到谁，你都会觉得他是在陪伴着你。

只有深深爱上自己，你才会像疼爱孩子一样疼爱自己，像迷恋爱人一样迷恋自己。

当你对自己的疼爱或喜爱超过所有的一切时，也就明白了生命的真谛。那是生命存在的唯一理由，也是我们来到这个世界的唯一目的。

坚定地爱上自己，摒弃杂念，毫不动摇，就能敞开自己的心扉，到那时所有的大门都会为你开启，所有美好的事物也都将向你扑面而来。

第一章 关于人生

人生必经的四个阶段

人生,通常都会经历这样四个阶段。

第一阶段　生存期

初入职场,我们首先面临的就是让自己生存下来,那如何做到这一点呢?其实,不管你打算从事什么工作,都需要一定的技能和特长,获得足够支撑生活的金钱和物质,尤其是在大城市中生活。但就业环境不太乐观的时候,如何才能先让自己生存下来呢?

有个女孩出生于2000年,性格开朗,个性活泼,2021年她从武汉一所专科院校毕业。虽然自己学的是计算机应用技术专业,但为了尽早找到工作,她广撒网,只要觉得自己能干的工作,她都投递了简历。最终,她被一家公司录用,职位是办公室文员,月薪5000元。虽然不是自己的专业,但足以养活自己,她欣然接受了这份工作。

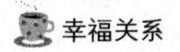

很多同学都羡慕她,认为她找工作并没经历什么波折,只是在求职网站上投递了简历,然后就接到了面试通知,并顺利通过,成功入职。但女孩并不满意自己的工作,为了获取更好的职位和更高的工资,她并没有放弃努力。

后来,在同学的推荐下,女孩学习了前端开发技术。之后,女孩辞职,重新找到一份跟自己所学专业相符的工作,工资翻倍。

社会发展到今天,只要勤劳肯干,就可以找到一份养活自己的工作。很多大学生抱怨说毕业后找不到工作,其实有些人并不是找不到,只不过是找不到跟自己专业对口的或心仪的工作。但走入社会,养活自己是首要任务,只要是自己能做的工作,完全可以先干起来,不要挑三拣四。一边工作,一边积累经验,一边学习,逐渐丰富自己的人生阅历,为将来获得理想的岗位和薪资做准备。

作为21世纪的新青年,不能好高骛远、眼高手低,要先解决自己的生存问题,不能总是抱怨命运的不公,做啃老族伸手向父母要钱。而是要先学会自己养活自己,再去寻找理想的工作。

第二阶段　生活期

这个期间,金钱和物质已经得到基本的满足,由外在的抓取转为内在的探索和成长的过程。

当你能够养活自己后，就会对生活提出更高的要求，即学会生活。因为这时候的你会发现，仅有外在的东西还无法满足你的要求，你想要享受工作和生活带来的快乐。这个阶段，我们应该重视自己的内心需求，不断地充实自己，多培养几个兴趣爱好，比如，抽空读读书、跑跑步，既能增长学识，又能锻炼身体，做一个内心充实的人，让自己的内心安静下来，不轻易受外界的干扰。

台湾美学大师蒋勋教书的时候，整天都忙着备课、上课，几乎腾不出时间来写作。2014年，他毅然决然地离开了喧闹的台北，带着几本书，来到一个叫池上的农村，住进了一家废弃的宿舍，过上了一种田园般的生活。后来蒋勋发现：物质生活越简单，自己的内心就越充实。这样的环境和心境激发了他的写作灵感，最终出版了散文集《池上日记》。

在田园和山水之间，蒋勋找到了适合自己的生活方式，过上了一种物质上的低配生活，却享受到了一种高规格的心灵体验。这就告诉我们，个人的灵魂一旦被外在的环境所禁锢，不管拥有

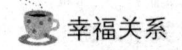

多少物质类的东西，都无法享受到持久的幸福和快乐。

在生活期，人们都知道，灵魂的丰盈与否并不是由当下的物质生活所决定的，需要推倒禁锢自己内心的墙，敞开心扉，释放天性，活跃心性。

第三阶段　贡献期

到了这个时期，我们已经学会了生活，有了一定的物质基础，有了一定的服务意识，开始关注社会和他人，懂得了奉献爱心。

诸葛亮有句名言"鞠躬尽瘁，死而后已"，激励着无数人不断努力和奉献。一旦自己的物质需求被满足，懂得了生活，人们就会谨记这句名言，发扬奉献精神。

生而为人，应有所追求。有什么样的追求就会有什么样的境界，有什么样的追求就会做出什么样的选择。处于青壮年期的人们，更愿意将"奉献"当作人生追求。他们会怀着"功成不必在我，功成必定有我"的心态，强化实干担当、乐于奉献的精神，让自己真正投身到为人民服务的工作实践中去，从小事做起，脚踏实地地做好每一件事，慢慢积累，实现自身的人生价值，让青春之梦融入伟大的中国梦，让自己的青春年华在为国家做贡献的过程中焕发出绚丽光彩。

第四阶段　解脱期

这个期间，我们会真正回归本性，活出自在的人生。到了这个阶段，人们更愿意追求自在的人生，渴望自由翱翔、自由驰骋。

被自己牵绊住，内心有执念，执念便会拖住你，前路漫漫而你还在原地；对自己的无所作为耿耿于怀，即使走遍大江南北，也无法获得快乐；待人不诚，心中有鬼，就会担心脚下有绊子……真正能让自己获得自在人生的，就在于六个字——放下、释怀、真诚。

作为心学的集大成者，王阳明用十个字概括了心学理论，即"心即理""知行合一""致良知"。

这天，王阳明跟友人一起出行，友人指着山岩中生长的花草树木，问："天下本无心外之物，花树在深山中自开自落，跟我的心有何关系？"

王阳明回答说："你没看到此花时，此花与你一起归于寂静；如今你既然已经看到了这些花，这花就在你眼前鲜活起来，便能知道这些花并不在你的心外。"

这是所谓的"心即理"。

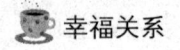

人生在世，短短数十寒暑，如何才能让自己活得自由自在？智慧之人从来都生活在自由自在的心境里。

每个人都能获得自由自在的幸福人生，都能活出一番大境界。到了这个阶段，完全可以放松身心，无拘无束地快乐生活，让自己沉浸于平和温馨的情景中。这样的你，就会心态年轻，思维活跃，热爱生活，生活处处充满阳光。

成功需要的特质

事实证明，成功者身上通常都有这样一些特质。

1. 学习力

学习是所有投资中投入最少回报最大的一种投资。要想获得成功的人生，首先就要具备一定的学习力。

某男子博士毕业后，被分到一家研究所工作，他也是该研究所学历最高的人。

有一天休息的时间，男子到单位后面的小池塘去钓鱼，发现正副局长也在那里。他冲两人微微点了点头，并没有说话，因为

第一章 关于人生

他觉得这两个人都是本科生，比自己学历低，彼此间根本就没有共同语言。

过了片刻，他看到正局长放下钓竿，伸伸懒腰，"蹭""蹭""蹭"从水面上飞一般地走到对面上厕所。看到眼前的一幕，男子惊呆了。水上漂？不会吧，这可是一个池塘啊。

正局长上完厕所，又"蹭""蹭""蹭"地从水上"漂"了回来。男子感到很好奇，又不好意思去问，因为他觉得自己是一名博士生，问这么简单的问题实在丢人。

半小时后，副局长也站了起来，"蹭""蹭""蹭"地漂过水面上厕所。男子差点晕倒：不会吧？我们单位难道是一个江湖高手集中的地方？

这个问题在男子心中刚萦绕了一阵，他就觉得自己也有些内急。他往周围看了看，池塘两边是围墙，要到对面上厕所，得绕十分钟的路，而回单位上又太远。怎么办？男子不愿意低头去问两位局长，憋了半天，便站起来，学着两位局长的样子往水里跨：我就不信本科生能过水面，我这个博士生就不能过。

结果，刚到水面，他就"扑通"一声直接栽到了水里。最后，他被两位局长拉出来。副局长问他为什么要下水，他没有直接回答，而是说出了自己心中的困惑："你们为什么可以走过去呢？"

两位局长相视一笑，副局长解释说："池塘里有两排木桩子，这两天下雨涨水，正好将木桩藏在了水面下。我们都知道这木桩的位置，自然就能踩着桩子过去。既然要上厕所，你怎么就不问一声？"

在过往经验逐渐失效、没有成功的套路可以照搬，前路又充满变化的时代，我们唯一可以依赖的，就是不断学习，认真阅读、听讲、思考和研究、实践等，获得知识或技能，努力提高自己，不能把学习狭隘地理解为在学校受教育的过程。事实上，只要是能够获得知识或技能的过程，都是学习。

如今，很多人从一出生，甚至在胎儿时期，就已经开始了学习。除非知识技能停止进步，否则我们一辈子都需要学习。

哈佛大学有句格言："从来没有一个时代像今天这样需要不断地、随时随地地、深入广泛地、快速高效地学习。"周围的环境已经发生剧变，我们需要不断更新自我，而学习能力的差异决定了自我更新的速度。

任何人都不会拒绝向上，但每个人的学习思路各不相同，使用的学习工具也都不一样。只有掌握了学习技巧，懂得如何学习、如何自我更新的人，才更容易适应变化和抓住机会，才能更好地生存下来。

2. 消化力

消化力，其实就是悟性。悟性是一个人非常重要的品质，悟性高的人，接受事物的能力就强，只要充分发挥，将来极有可能成大器。

概括起来，悟性高的人通常都具有以下几大特性。

（1）学习新东西非常快。社会在不停地变化发展，尤其是随着网络科技的发展，我们的生活节奏也变得越来越快。想要跟上时代的步伐，就需要不停地学习新知识，接受新理念，并灵活运用到生活实践中。悟性高的人，往往都具有超强的学习能力。他们愿意接受新事物，会认真探究其中的道理，并在极短的时间内掌握其中的要害。他们的理解能力非常强，运用到生活和工作中，能极大程度地提升效率，优化效果。

（2）讲话能够一言戳穿本质。悟性高的人，要么保持沉默，要么开口说话直达本质，可谓一针见血。他们喜欢对事物的原理进行深入研究，并能举一反三，用最根本的道理去判断各种事物，极快地得出结论。而普通人经过反复思考后，可能都还停留在事物表面，被表象迷惑，很难找到深层次的规律。

（3）做事不慌不乱，按规律进行。悟性高的人做事一般都胸

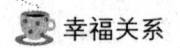

有成竹，会遵循事物的发展规律行事，也比较容易取得理想的结果。即使遇到了难缠的问题，他们也能保持冷静，认真分析，慢慢理顺脉络，获得突破。

（4）遵循大道至简的原则，行事化繁为简。世上之事复杂多变，遇到了事情，想放下又放不下，想要面对，又不知从何处入手。其实，大道至简，事物的本质原理都是相通的。真正有悟性的人一般都深谙其道，在他们看来，任何复杂的事情都可以简化，直到简化到极致。

（5）深藏不露，大智若愚。真正有悟性的人，往往会深藏不露。表面上看起来，他们与一般人并无两样，可是只要观察他们的说话和做事风格，就能发现他们与常人的不同之处。他们不会锋芒毕露，不喜欢显摆自己，会主动收敛锋芒，甚至看起来显得比一般人笨拙；他们可能不善言辞，可能不善交际；他们不喜欢争论，不喜欢论人是非，不喜欢说闲话、做闲事，这样的人，才是真正的智者。

3. 行动力

行动力是自觉自发做事的能力，要想获得成功的人生，就要学会制订规划，具备超强的自制力，同时突破自己，坚定地去做自己想要做的事。成功者，都是行动力强的人。

第一章 关于人生

李某大学毕业已经五年，工作和生活却没有太大的改变和进步，他有一句口头禅："万一……我该怎么办？"比如，参加会议的时候，李某畏惧发言："万一说错话了，被领导怪罪，怎么办？"接到新工作的时候，他会推三阻四："万一干不好，该怎么办？"

即便是在生活中，李某也会出现各种各样的困惑，比如："我想看书学习，锻炼身体，养成一些好习惯，但是万一坚持不下来，该怎么办？"

正是因为在李某心中埋藏着一个又一个"万一""我该怎么办"，使得他无论做任何事情，都会瞻前顾后，畏首畏尾，即使心中有很多想法和计划，也无法付诸行动。

随着社会节奏的加快，越来越多的新环境、新行业、新计划、新机遇、新挑战向我们扑来，不具备"接住它们的勇气"，没有"迈开第一步的果断"，将永远无法拥抱时代，无法抓住机遇。而要想迈开步子积极付诸实践，就必须要有一颗勇敢的心——勇于试错，勇于接受失败。

很多事情的实现，并不需要等到百分之百时机成熟、百分之

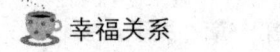

百胜券在握、百分之百无后顾之忧时才开始行动；相反，无论事情大小如何，只要看到了一丝曙光和机会，就要果断尝试，勇于行动。从小到大、从点到面、从细节到整体，让自己的"行动力"慢慢铺设开来。

4. 持续力

曾看过这样一则小故事。

在开学第一天，古希腊哲学家苏格拉底对学生说："今天我们只学一件最简单、最容易做的事，即每人先把胳膊往前甩，然后再往后甩，每天做300下，大家能坚持吗？"他边说边示范。

学生们都笑着说："这么简单的事，当然做得到。"

一个月后，苏格拉底问学生们："哪些同学坚持做了每天甩胳膊300下？"结果，90%的学生骄傲地举起了手。

又一个月后，苏格拉底提出同样的问题，这次坚持下来的学生只剩下80%。

一年后，苏格拉底再次提出了这个问题，结果整个教室里只有一个人举起了手。这个学生后来成为古希腊另一位大哲学家，他就是柏拉图。

这个故事告诉我们：坚持，是世间最容易也是最难的事。说它容易，是因为只要你愿意，就能轻而易举地做到；说它难，是因为真正能坚持下来的人，少之又少。

水滴石穿，强大的不是水，而是坚持。聚沙成塔，集腋成裘，很多人做出的"惊人"之举并非一时的神来之笔，而是源于长时间的努力与进步。成功的能量如果想爆发出来，需要聚集到临界点后才能爆发，绝非一朝一夕之功。总之，有顽强意志力、持续行动力的人，才能最终成为人生赢家。

5. 辨别力

在这个世界上，成功者都有一种能力，叫辨别力。只要拥有这种能力，就能辨别出哪些东西是重要的，哪些是不重要的。不管是在生活中，还是工作中，这个能力都异常重要。只要能辨别什么事情该做，什么事情不该做，也就掌握了这个游戏规则，做事才能游刃有余。缺少辨别力，事情必将做得一塌糊涂。

6. 其他能力

获得成功的人，除了具备上面几种能力，还包括沟通力、合作力、自我调节力和创造力等。

（1）沟通力。沟通力是指个人与他人进行有效沟通的能力。而要想高效地沟通，就要关注沟通行为、沟通环境、说话方式等各种因素。沟通能力出众的人,不但可以很好地将信息传达出去,还能充分发挥自身能力,将自身的社会价值展示出来。

（2）合作力。研究表明,事业的成败与人品息息相关,而人品中的合作精神又是非常重要的因素。与同事真诚合作是成功的要素之一,而性情孤僻、不善与人合作则容易导致失败。只有具备良好的团队合作精神,才能在激烈的竞争中占据优势,并获得更好的发展前景。

（3）自我调节力。面对巨大的职场压力,如果无法调节好自己的情绪,就会出现很多负面情绪。负面情绪像毒素,堆积得越多,越难治愈,甚至还会形成一种"顽疾",最终引发"癌变"。因此,为了平衡家庭与工作的关系,就要学会自我调节,让自己的生活过得更轻松一些。而人生成功者,往往都能做到这一点。

不要过于责备自己。压力是毒药还是良药就在我们的一念之间,成功者会转变思想,化消极回避为积极进取,将压力转化为走向胜利和成功的特效药,调整与工作有关的信念,成为工作的主人。

从了解自己开始。成功者会让自己静下来,花时间思考这些问题:自己的性格适合从事哪类工作?这份工作可以发挥自己的所长吗?是自己努力不够,还是被摆错了位置?自己对工作有哪些期望？想要从工作中获得什么？

重视锻炼和放松。成功者一般都重视户外体育锻炼，掌握着一些日常的放松方法，比如：游泳、做操、散步、洗热水澡、听音乐等。此外，忙累了，他们还会做做深呼吸，进行肌肉放松等运动。

优势比较法。成功者会找到一些比自己受挫更大、困难更多、处境更差的人，跟他们进行挫折程度比较，让自己逐步变得平心静气。

（4）创造力。创造力是非常可贵的能力，也是人类最终成为高等动物的重要能力。成功者一般都重视创造力的培养，绝不会故步自封。

金钱法则：先舍才能得

只有真正敢舍的人，才能有所得，这就是所谓"舍得"的概念。小舍小得，大舍大得，不舍不得。能够施舍，才能真正放下，才敢坦然地付出。这种平静的付出，同最终的人生收获会形成正比关系。

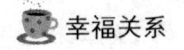

为了招揽生意，某酒馆推出了一项促销活动：只要客人来酒馆喝酒，就为其报销汽油费。

活动一经推出，就受到了 33~55 岁男性顾客的欢迎。虽然从表面上来看，这家酒馆是在做赔本生意，但由于很多顾客不是独自来酒馆消费，都是三五成群，最终酒馆不赔反赚。在 3 个月的促销活动中，酒馆的生意比平时火爆了很多，月盈利额达到 8 万元，比过去增加了 30% 左右。

"舍得"二字非常有趣，为什么"舍"在先而"得"在后？这里大有学问，凝聚了古人的智慧与经验。所谓舍得，就是有舍才有得。这一点在商界至关重要，精明的商人都懂得这个道理。

人性都是自私的，只想"得"，别人就会害怕你，从而与你渐行渐远，你的信息也会越来越闭塞，人生前景会变得暗淡无光。相反，当你愿意"舍"的时候，就会获得更多人的拥护与支持，资源也会越来越丰富，你也会从中大受裨益。所谓"财散人聚、财聚人散"就是这个道理。

有个冷饮商生意惨淡，为了促销，他在一家马戏团剧场的入

第一章 关于人生

口处免费赠送热的咸豌豆。不花钱而得美味，观众自然都愿意接受。演出中场休息时，从剧场各个角落跑出一些买雪糕、冰激凌的孩子，观众刚吃完热的咸豌豆，觉得口干舌燥，听见有卖冷饮的，立刻掏钱购买。就这样，只用了五天时间，冷饮商就用这个方法将冷饮全部推销给了观众。

让别人得到好处，让别人挣到钱，自己才能得到更多的好处，挣到更多的钱。这就是"先舍才能得，先付出再收获"的道理。

人生匆匆如白驹过隙。每个人都渴望过上幸福的生活，但幸福并不在于外在物质的多少，而在于你愿意帮助多少人，给多少人带来好处，这才是你幸福的源泉。

商人与大多数人的关系本质上是一种利益关系，要想通过别人获取利益，就要先给让别人动心的利益。只有让他们为自己的利益着想，他们才能愿意受你"驱使"，而这也正是生意场上先舍后得的智慧。

以利益驱动，永远比空口说教更有力。比如，买东西时砍价不要太狠，要让别人能挣到钱；有能力偿还债务时一定要尽快还债，不要等着别人追讨。拿了自己不该拿的，得了自己不该得的，早晚都要加倍地还回去。付出，就是付给自己，要慷慨地付出，坦然地接受，不能只想接受而不愿意付出。

众人都是你的财神，即使是付钱给对方，也要记得这一点。用钱购得他人的产品和服务，要对他说声"谢谢你，谢谢你为我提供服务"。同时，还要选择合适的语言和想法，消除一些念头，少说"要很辛苦才能挣到钱""我总是没钱"……要时刻保持这样的信念："我的能量越高，金钱获得就越容易""我是富足的，我能挣到钱"。

在这个世界上，所有的得失都是一种合理的必然。有得之时，必会有所失；有失之时，也必会有所得。真正意义上的"舍"，主要指人们心灵上的"舍"，是指对人群随时报以心灵上的施舍。人生之"舍"，并不只是给钱、给东西这么简单，而是指人们内心深处的善念、善意和善心。

人生之"舍"，并不仅是对人类而言，而是一个非常广义的概念，包含着对大千世界的普遍施舍，是对万事万物生出了真诚的慈悲心。古人对慈悲的解答，已经具有了非常高的智慧，"慈悲"的本质就是无心的善，所谓"慈善"就是大慈大悲之心。

找到最真实的自我

在世俗眼中，成功与否很重要，健康与否很重要，富裕与否很重要，教育程度高低也很重要，它们会影响个人的一生。不可否认，这些事情确实都很重要，但相对而言，也不是绝对重要，比它们重要的是找到你的本质。这件事不仅超越了渺小的你，更超越了个人化的自我感觉。

现实中，很多人的生命都被渴望和恐惧所驱使。所谓渴望，就是给自己增加更多的东西，使自己更加完整；恐惧则是因为害怕失去什么而变得弱小和逊色。两者都掩盖了一个事实：内在是无法被给予或夺走的，完美无缺的内在只属于你。

无论何时，只要条件允许，你都可以观察一下自己的内在，看看自己是否无意识地制造了冲突，比如，内在与外在的冲突，思想和情感与那一刻所处环境的冲突。只要能感受到这些对抗时的痛苦，就能放弃这种徒劳的对抗，放弃这种内在的战争状态。

如果让你用语言表达出自己每个时刻内心的真实感受，每天你会说多少遍"我不想在这里"？当你被迫无奈地待在所处的地方，比如，堵车路段、工作场所、候机大厅或某个人的身边时，你的感受如何？你虽然可以一走了之，但多数情况下，离开并不是最好的选项，"我不想在这里"的感受根本毫无用处，只能给你和他人徒增不快。

俗话说"既来之，则安之"，换种说法就是"身之所在，即心之所向"。想想看，让你接受这一点，真的很难吗？你真的需要在心里给每个感知、每个经验贴张标签吗？面对状况频出、矛盾不断的人生，你真的要和它建立起一种应激反应式的喜欢或不喜欢的关联吗？

或许这只是一个根深蒂固却可以被你打破的思维习惯。要想打破这一习惯，你根本什么都不必做，只要允许这一刻以它真实的面貌呈现出来即可。你有太多的事情要做，但做的质量如何？开车去上班，与客户沟通，操作电脑，打杂跑腿……你整天都在处理无穷无尽的琐事，对需要做的事投入了多少时间、精力和金钱？即使不喜欢，你也能放下这种不喜欢并全然投入到所做的事情中吗？须知，有些时候，对某人或某事产生某种想法，只能让自己不快乐。

第一章 关于人生

善待旅途中遇见的所有"旅客"

不久前我读了一本书,该书把人生比作一次旅行,告诉我们,在我们的一生中,会看到无数次上车或下车。车上,时常会发生故事,有时是意外惊喜,有时是刻骨铭心的悲伤……

从我们呱呱坠地的那一刻,就坐上了生命的列车。不要觉得最先见到的父母会在人生旅途中一直陪伴你,他们会在某个车站下车,留下孤独无助的你。他们的爱、他们的情、他们那无可替代的陪伴,都将无从寻找……同时,其他人会陆续上车,有些人对我们有着特殊的意义,比如:兄弟姐妹、亲朋好友,以及相伴终生的人。

坐在"同一班车"中,有的人是在愉快地旅行;有的人带着深深的悲伤;有的人却是在四处奔波,随时准备为有需要的人提供帮助……有些人"下车"后,留在车上的"旅客"会依然记得他们,而有些人离开时却没人察觉。

有时候,对你情深义重的"旅伴"会坐到"另一节车厢",

幸福关系

你只能远离他，继续自己的旅程。当然，在旅途中你也可以摇摇晃晃地穿过自己的"车厢"，去其他"车厢"找他，只不过你再也无法坐到他身边，因为这个位置已经被其他人占据。

人生的旅途充满了挑战、梦想、希望和离别，我们不能回头……因此，要善待旅途中遇见的所有"旅客"，找到他们身上的闪光点，尽量使自己的旅途愉快一些。

一个极其寒冷的冬日夜晚，一对老夫妻走进了路边一家简陋的旅店。不巧的是，这间小旅店早已客满。

一个小伙计接待了他们。老夫妻望着店外阴冷的夜，发愁地说："这已是我们寻找的第六家旅馆了，到处客满，我们怎么办？"

小伙计不忍心看着老人出去受冻，建议说："如果你们不嫌弃，今晚就睡我的床铺吧，我自己在大堂里打个地铺。"老夫妻非常感激，第二天要照价付客房费，小伙计坚决拒绝。

两年后的一天，小伙计收到一封来自纽约的信，信中夹有往返纽约的双程机票，并邀请他去拜访当年那对睡他床铺的老夫妻。

小伙计感到莫名其妙，但依然按照信中的要求，来到繁华的大都市纽约，见到了那对老夫妻。他们将小伙计带到第五大街和三十四街交会处，指着一幢摩天大楼说："这是一座专门为你建的五星级宾馆，现在我们正式邀请你来当总经理。"

年轻的小伙计因为一次举手之劳的助人行为，成就了自己的梦想，这个人就是著名的奥斯多利亚大饭店经理乔治·波菲特，而那对老夫妻就是他的恩人威廉夫妇。

这个故事再一次告诉我们，善待他人就是善待自己。对他人多一分理解和宽容，就是在支持和帮助自己。所谓善，就是在善待他人的同时也善待自己。没有善良之心，总是让他人为自己付出，自己却从来不想为别人付出，表面上看起来这样的人不吃亏，其实他们会吃大亏。

只有心中有善，才会积极参与慈善行动，既善待他人，也善待自己。在人生的某段旅程中，看到犹豫彷徨的人，要理解他，因为你自己也会犹豫彷徨，你也需要他人的理解。而我们不知道的是：自己将来会在什么地方"下车"，坐在身旁的伴侣会在什么地方"下车"，我们的朋友在什么地方"下车"……

跟朋友分离，我们会感到痛苦；让至爱亲朋孤独前行，我们会感到悲伤。因此，在这段旅程中，在至爱亲朋的心里留下美好

幸福关系

的回忆,你将感到非常幸福。

"下车"时,要跟同行的旅伴说一声:"谢谢你,我生命列车上的同行者。"

第二章　关于成长

幸福关系

没人可以脱离关系独立存在

对于我们来说，内在成长之路只有两条：一条是内修与静心；一条是在关系中成长和提高，成为真正的自己。

在我们的生命中，关系分为多个层面，每个层面都相互影响与作用。所谓关系，其实就是如何与自己相处。有这样一句话："所谓觉醒，就是让自己感到自在。"中国的语言很有境界，所谓的自在就是和自己在一起觉得很舒服。当我们能够接受自己一切如是的样子，与自己成为好朋友，爱自己，懂自己，在别人面前没有任何掩饰时，我们也就觉醒了。而生命的目的之一就是成为真正的自己，这一点很重要。

父母与子女的关系，是生活中最基础的关系，也是我们的第一份关系。它是我们人生中所有关系的根基，决定和影响着其他所有关系。

父亲是我们生命中的第一位男性，母亲是我们生命中的第一位女性，我们与他们的互动模式，在很大程度上决定了我们与其他男性或女性的互动模式。在家长与孩子的关系中充满了爱恨、期待、失望、幸福和痛苦。人生的酸甜苦辣，基本上都会反映在我们与父母的关系中，并写进我们早期的人生剧本。

在与父母的关系中，我们要厘清一些问题。首先，要将所有负面情绪转化成真正的爱意；其次，要区分自己想要的人生与父母对我们的期待；再次，要放下我们对父母的期待，放下我们内在的那个执拗要求，要求他们用我们想要的方式来爱我们；最后，要区分爱与责任、爱与照顾、担心与关心，以及接受与尊重每个生命。

我们与父母的关系最复杂，而且不可逃避，直接关系着我们与其他人、事、物的关系。与父母的关系和顺，多数情况，我们的事业和家庭也会和顺；反之，就会陷入无数无法理解的困难和挫折中。

在我们的生命中，亲密关系也非常重要，它是我们与父母关系的投射。有些人在父母身边感受不到爱与接纳，就会转而去亲密关系中寻找。这时候两个人的爱情就会成为我们以爱的名义进行的情感交易：我爱你，是因为我想要你爱我。

其实，所有美好关系的破裂和背叛，都不是缘于一个我们能看到的原因，根本之处还在于自身的"内在小孩"。"内在小孩"

的真相包括两个层面：一个是物质层面，指原始的物质、金钱欲望；一个是精神层面，指我们从小到大的价值观、创伤、信念、限制与原生家庭带来的各种模式。

关系是一面镜子，我们喜欢的和憎恨的品质都是"内在小孩"的审美在他人身上的投射。这也是很多情侣会一见钟情的原因，也是你总是莫名地被他人吸引的关键。那些让你无法忘怀的人，无论他们是让你感到欢乐还是痛苦，都带着某种神秘感，有助于你的成长。他们只要触发了你的心灵，你就能认识自己的"内在小孩"，继而了解人性、突破人性、驾驭人性，他们也就变成了让你完善自我、驾驭生活的助手。

不断地从别人身上发现各种负面问题，你就会体验到心灵的痛苦。但是你要知道，生活中真正能让你感到痛苦的人其实就是看不见的自己，即狭窄局限的"内在小孩"。从爱情美梦到现实痛苦，并不是因为对方在改变，多数情况下，是你的"内在小孩"把自己和他人都高度理想化了，不接受自己和他人都存在瑕疵的现实，觉得自己被欺骗、被背叛，是你不敢面对自我的真实写照。

爱情受到挫折时，为了消除痛苦，很多人会立刻重新找一个代替的人，从一种关系迅速跨入另一种关系。这样做，你并不会从挫折中领悟任何意义，将责任推卸给别人，只会让你将"内在小孩"的狭隘与创伤埋得更深,之后它必然会以类似的方式重新唤起你的注意。

在其他人际关系中,也是同样的道理。

生命就是一种关系,是爱创造了一个个的小生命。大自然无条件地爱着万物,孕育着万物,太阳、水和花草树木等都体现了爱的本质。

生命是伟大的,只不过,我们的意识和价值观滞留在物质欲望纷扰的空间中,忘记了充满大爱的生命本质,忘记了自己是谁,自己内在有什么功能。

弄丢了自己的生命说明书,也就丢失了所有的一切。没读懂爱的真谛,没有活出爱的生命状态,就无法产生爱的链接,无法体验到爱的流动循环和滋养。无论哪种关系,父母、伴侣、孩子、朋友、金钱,都是在找爱与链接。内在没有唤醒爱,就无法给这些关系进行互动链接;没有互动链接及滋养,自然也就无法拥有长久幸福的关系。一味地控制、打压、争吵和评判等,只能摧毁各种关系。

万物皆有能量,各种关系都是由爱的能量组成的。内心爱的能量没被激活,人与事物就无法产生爱的关系;没有爱的关系,我们的生命在世间也就没有了意义和价值。人生在世,并不只为

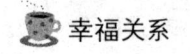

劳碌奔波，也不是为了在自私自利的习性中体验一生。因为生命就是关系，跟各种关系分裂，生命之火也就熄灭。

真正的力量，是敞开胸怀地接纳和包容

你的力量与外在无关，与人类通常认为的强势和控制也没有直接关系，而是在你的内在，比如，你的独立与自信、你的爱、你的自我掌控能力，以及你全然自我的本源。依赖于外在，你就会因外界对你的看法而动摇。对外界有所依赖，你就会交出自己的力量，交由外在掌控，自己继而陷入无力、无助、恐惧和害怕等情绪中。

不必评判自己，所有的一切都是体验。只有经历失去，方能体验到失去的是什么，并了解那是什么。而力量的交出和收回，也完全在于你，在于你的选择和意志。你的自由意志就是你的力量，只属于你的内心。

在这种力量的帮助下，所有的一切都是平等而合一的，这时你就会发现，你是自己的完全掌控者和决定者，没人能伤害你，除非你愿意；没人能替你决定，除非你同意；没人能左右你的爱

和选择，除非你愿意……

1. 力量源自于独立

独立的你，不会把任何关于你的决定权交予他人，你掌握着自己所有的力量，拥有完全的自我掌控权，这就是你灵魂深处的力量。同时，在自己的事务上你也不会迁就别人，抉择时不用看别人的脸色。此外，独立的人，还具备以下几个与众不同的特点。

（1）性格坚强，不会轻易求人。性格独立的人，内心深处都有一股倔强的劲儿，遇到小挫折时，通常不会轻易向别人求助，而是反复推敲、反复琢磨，用一种不服输的态度，把最细微的事情搞明白。他们不会依赖他人，更不愿意让任何人来帮助自己解决难题；他们做事考虑长远，总能想出许多好办法，即使遇到再大的困难，也能沉着应对，最终使问题迎刃而解。当然，他们不愿意向他人求助并不代表他们执拗，喜欢钻牛角尖，而是因为不需要别人的帮助他们也能将这些小问题解决掉；遇到真正的难题时，他们会主动向别人求助并跟他人学习知识，将来遇到类似问题时，能够独立解决。性格独立的人做事情时喜欢亲力亲为，最大限度地减少对他人的依赖。

（2）具备消化内心伤痛的能力。独立的人在生活和工作中能独自面对一切，晚上虽然可能会像老虎一样独自舔舐伤口，白天

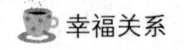

又会变成神采奕奕的强者，丝毫看不出经历的辛酸和伤痛。这种强大的精神消化能力，让他们将心中的委屈、痛苦、烦恼等全部转化为力量，爆发出来，以全新的面貌面对每天的到来。遇到困难时，他们会及时调整心态，既不需要他人的安慰，也不需要借助酒精来寻求短暂的麻醉，他们只会用沉默、沉思和消化等来处理内心的伤痛，而这种能力恰恰是个人独立必须具备的。

（3）不相信命运的安排。遇到生活磨难的时候，很多人都习惯性地做出一种缘于命运的解释，但是对于独立的人来说，只要自己有能力去尝试，定然会主动尝试，即使迎接他们的是失败，也不会因此而沉沦。跌倒了，他们会拍拍身上的土，继续朝着人生的下一站出发。在他们眼中，不存在所谓的命运安排，他们只会不断挑战生活中的种种枷锁，用双手创造属于自己的天空；对自己没尝试过的东西，他们不会感到恐惧，心中只有一个坚定的信念，那就是自己的命运自己安排。因此，要想拥有完全独立的人格，就要努力提升自己，减弱对周围环境的依赖。

2. 力量是爱和开放

当你不再依赖外在，回归于内心的独立时，就会获得强大的力量。这时候你就会知道，最高的力量源自合一，源自心中的爱，而非恐惧；你会真正地向他人和世界开放自己的内心，因为你已知晓，你就是爱。你无所畏惧，任何事物都不能真正伤害到你。一旦寻回自己的力量，你就能变得更加开放和包容，因为你知道自己已无所畏惧。你也能包容和接纳那些自己曾经难以接受的观点和现象，只因它们不会再伤害你，你的心也会变得更加柔软和开放。

真正的力量，不是对抗，而是爱自己，然后敞开胸怀地接纳和包容——那就是合一的力量。

个人最好的修养就是心中有爱。心中有爱的人，不仅会爱自己，也会爱生活，更会爱世界以及身边的人。

爱自己的人，首先会爱惜自己的身体。因为他们知道，只有拥有健康的体魄，才能坚持学习，增长见识；之后，再用知识来完善内心的善和真，让自己的思想和灵魂不断升华，让自己更值得被爱。

爱生活的人，对每一天都会充满希望和热情。他们会用爱的力量来应对生活中的坎坷和挫折，让自己每天都生活在幸福和快乐的感恩中，并用自己那颗热爱生活的心，为周围的人营造一种积极健康向上的正能量氛围。

爱世界的人，必定胸怀宽广豁达，能将自己的那份爱奉献给周围的人和事。同样，他也能得到世界回馈自己的爱，那就是身边人对他的尊重或深切的关怀。

良好的修养，源自内心对生活和世界的认知与热爱；良好的修养，源自灵魂对思想和行为的驯化和陶冶。在我们的一生中，能够成为一个有良好修养并心怀善意的人，不仅是成功的，也是幸运的。

爱世界并胸怀世界，必将为世界所认可。每个知道努力的人，都能在晨曦里拥有那抹属于自己的最美的朝阳。

心中有爱的人，能看到人和事积极的一面，会更加热爱生活。心中缺少爱，即使是再美好的事物，他们也能找到瑕疵。

心中有爱的人，会感恩养育自己的人，会不遗余力地培养自己的下一代。无论生活再苦，压力再大，他们也会想办法克服。心中无爱的人，对父母的恩情只会视而不见、听而不闻，即使是自己本该承担的责任，也会找各种理由为自己开脱。

心中充满爱与缺少爱的人，对生活的态度有着天壤之别。

有爱的人，看哪里都美好；缺少爱的人，会觉得生活就是一团糟。

充满爱的人，生活是快乐的；缺少爱的人，内心是抑郁的、寡欢的。

心中有爱，生活才会更美好，才能更加热爱生活。

你，才是一切的根源

有这样一个故事。

街边，一个卖花的女孩正在收摊，看到街角有个乞丐，她拿起最后一朵玫瑰送了过去。

乞丐一回到家，就将玫瑰花插到了一个闲置的玻璃瓶里，然后往里面倒了些水。

乞丐看着插在脏瓶子里的玫瑰，觉得有些可惜，将玫瑰花拿出来，然后将花瓶洗干净，再把玫瑰放进去。

这时，乞丐又看到了多日没有收拾的屋子，觉得这和玫瑰花不搭配，于是开始整理屋子。

屋子收拾整洁之后，乞丐突然闻到了自己身上的臭味，生活在这么干净的屋子里，怎么能有酸臭味？于是，他就开始洗漱换衣。

换洗一新后，乞丐站在镜子前面，看到干净的自己，不禁自问：自己怎么就成了乞丐呢？

第二天，乞丐出门找了一份工作。他努力工作，慢慢地有了起色，最后居然成就了一番事业。

世间万事多是我们无法改变的，我们能改变的唯有自己。

在这个世界上，一共有两种人：一种是观望者，一种是行动者。人生在世，任何人都无法改变你，除非那个人是你自己。个人真正的成功，都从改变自己开始，比如，改变位置、改变心态、改变格局。因此，要想改变一切，首先就要改变自己，看清自己的样子，忘记自己的过去，回到自己当下的位置。

你每天面对的从来都不是别人，而是自己。让你感到烦恼的人，可能是来为你提供帮助的人；让你感到痛苦的人，可能是来提升你的人；让你讨厌的人，可能是你的善人；让你怨恨的人，可能是你生命的贵人……他们都是你的不同侧面，就像另一个你自己，而能够给你带来巨大伤害的人，很可能会教你自我设防，引导你客观认识这个世界的光明与晦暗。相反，你爱的人，却常常是给你制造痛苦的人；你喜欢的人，也常常是给你带来烦恼的人。因为他们都是你的影子，你终究无法把握。

你的所爱、所恶、所欣赏、所耻笑，都不是别人，而是你自己。只要你发生了改变,一切都将随之改变。你所拥有的一切,都由你自己创造。你是阳光,你的世界就充满阳光;你是爱,你的世界就会充满爱;你是快乐,你的世界就会充满欢声笑语。

心在哪,成就就在哪。你,才是一切的根源。

1. 你是独一无二的,没人和你完全一样

反复问自己以下一些问题,然后放松身体,看看内心会给你怎样的回应。

我是一个怎样的人?

我的人生会如何?

我是带着怎样的使命来到人世的?

在生命中,我扮演着哪些角色?

我的目标是什么?它会如何帮助我完成自己的使命?

我是否意识到自己是独特的,是独一无二的?

……

在这个世界上,没人和你完全一样,有些人虽然和你有共同点,但和你完全相同的人永远都不存在。因此,我们要用欣赏的眼光看待自己,没必要和任何人去比较。

在这个世界上,任何人都无法和你形成真正意义上的竞争。作为一个独一无二的生命,尽管有时你也会做出一些不好的行为,

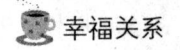

但现在的你依然有能力将自己的特性和偶尔不好的行为进行区分，感受来自内在的巨大能量，并将整个身体和精神整合在一起，意识到自己力量的源泉。

2. 目标因使命而伟大

看到自己每天都被一股强大的力量推动着，努力去实现一个个目标和愿望，很多人都会觉得神奇，甚至感到不可思议。随着心态越来越清明，愿望一个个轻松达成，有些人甚至还会产生一种如有神助的感觉。

当你觉得自己能够轻而易举地成功时，就会生出一种信念，即：幸福就是对自己的信任，相信自己能做到一切想要做的事情。在这个信念的推动下，我们就能活出独一无二的本性，创造无限个奇迹来成就自己。一旦听到来自内心深处的呼唤，你就会被引领着愉悦轻松地前行。

你相信自己也可以吗？

你知道自己是谁吗？

你今生到底想活出怎样的人生？

你找到人生的终极目标与使命了吗？

你找到自己的幸福摆渡人了吗？

……

只要回答了这些问题，每个人都可以达到这种生命状态。只要找到自己的使命，就找到了源源不断的力量，就能走向生命的顺流，活出绽放的生命状态，成就自己、奉献他人，为社会做出贡献。

想要变得更强大，就要对自己负责

在这个世界上，每个人都是独立的个体，没人能为另一个人的生命负责，也没人能代替另一个人而活。我们需要明白的是，不管你过去受了多少苦，遭受了多么不公平的待遇，都没人能替你的生命与痛苦负责，唯一能为你的生命负责的只有你自己。

痛苦或快乐，都是自己的选择，跟任何人无关。

我们要对发生在自己身上的每一件事负起责任，停留在原地等待或期待别人对你负责，或把你的问题全推卸出去，不从根本上改变自己，就不会获得真正的幸福，反而可能会越来越不幸。

想要让自己变得更强大，摆脱受害者的模式，就要对自己负责，选对人做对事。遇到困难或伤害时，我们要改掉自己的弱点，找回自己内在潜藏的能量，为自己的言行负起责任。

我们要成为自己人生的掌控者和建设者，不能被动地由外界的力量去推动你人生的小船。因为这条船的目标是什么，需要沿着什么路线行进，只有你自己知道。要明白，人生的路都是自己选择的，都要依靠自己来走；同时，也要明白，在这个世界上没人会为你的人生负责，要学会对自己负责。

生活是自己的，你用什么样的方式去生活，拥有怎样的思想和价值观，选择怎样的人生道路，都由自己决定，也需要自己去面对。只有学会对自己负责，才能变得越来越勇敢，越来越有担当，越来越成熟，越来越认清自己，知道什么样的路最适合自己。

1. 为自己的选择负责

行走在人生之路上，我们会做出各种不同的选择，一旦选择了一条路，就不要后悔，不要抱怨，要勇敢承担和面对选择之后的各种结果。一旦选择了某条路，即使不太好走，会遇到很多困难，也不要气馁，不要轻易放弃，要尽力坚持下去，即使最后真的失败了，也不要丧失信心，不要颓废，要勇敢面对失败的结果，整理行装，重新出发。

世界是平衡的，只有通过努力，不断坚持，才能得到自己想要的生活。因此，我们只能这样做，要么和自己的平庸握手言和，要么让自己的努力配得上自己的梦想。不要放弃，不要抱怨，不管自己选择了哪条路，都要坚定地走下去，并用平和的心态去对待。

2. 为自己的情感负责

在社会上生存，我们扮演着不同的角色，会面临各种情感问题，比如：亲情的、友情的和爱情的，也包括一些别的情谊。对任何情感，我们都要学会珍惜，都要多些理解和包容，不要理所当然地认为别人会一直陪在你身边，包括你的爱人。在情感问题上，要懂得付出，只知道索取，以自我为中心，将得不到任何人的理解，甚至还会让原本珍惜你的人离你越来越远。

与人相处，要真诚一些，善良一些，要以真心换真心，不要抱有各种坏心思，不要轻视他人，要顾及别人的感受。只有真诚相待，才能赢得别人的喜欢。

要想建立良好的人际关系，就要心怀友好和善良，以谦卑平和的心态去对待他人，不要摆出一副高高在上的姿态，不要骄傲自满，也不要卑微如尘土。

每个人都是独立的个体，尊重别人也是爱自己，要认真对待自己所有的情感关系，因为对人对事认真也是对自己负责。

3. 为自己的语言和行为负责

生活中说话做事，要照顾到周围的环境，照顾到周边的人，

47

不要随心所欲、我行我素，特别是在一些公共场合，更要考虑到你的言语和行为是否会对别人造成影响，任何时候都要谨言慎行。如果自己言行有失，就要勇敢地面对，主动承担自己造成的后果，不要逃避。

知错能改，善莫大焉。明明知道自己错了，却不想承认，不想改变，是最令人不齿的。一个人能承担多大的责任，就能取得多大的成功，要为自己说的话、做的事、犯的错负责。

对自己负责，就是对他人负责，也是对他人的尊重。这样的人，才是一个勇敢、有担当的人。

4. 为自己的人生负责

无论是学生时代选择的学校，还是年轻时候选择的职业，或者是你不顾别人的意见选择的婚姻，甚至包括你一直坚持的梦想，都要承担起自己的责任。

学生时代要认真读书，工作的时候要认真工作；对待自己的家人和爱人，要珍惜和包容，负起该负的责任；对待自己的梦想要竭尽全力……只要是自己选择的，只要是自己想要的，都要付出努力和热情。

列夫·托尔斯泰说："一个人若是没有热情，他将一事无成，而热情的基点正是责任心。"我们要学会自己长大，自己坚强，勇敢面对人生中的各种坎坷和苦难。同时，还要认清自己，找到人生的方向，然后再来实现自我价值。

人性的六个弱点

纵观人性，主要存在这样六个弱点。

1. 喜欢用别人的错误惩罚自己——发怒

王大妈生活在农村，一直都过得不如意，丈夫去世后，她的脾气变得更加古怪，性格也很暴躁。老郭和老李跟她相邻，虽然有些同情她，但也无法忍受她的暴脾气，关系处得不太好。

不过，老郭和老李的性格有些不同，老郭虽然讨厌王大妈的暴脾气，但为人乐观，心胸开阔，不爱计较，整天都乐呵呵的，即使王大妈无缘无故地跟他发脾气，他也会一笑而过，两人的关系还勉强过得去；老李就不一样了，他有些小心眼，性格比较偏激，平时就经常耷拉着一张脸，好像别人都欠他钱一样，总是跟王大妈吵架，关系非常糟糕。

这天中午，王大妈发现自家养的小黄狗不见了，误以为被街

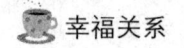

坊四邻偷走了，在自家院门口跳着脚大声骂道："哪个老不长眼的，敢偷我家阿黄？我咒他断子绝孙，死都闭不上眼……"王大妈扯着嗓子，声音越来越高，话也越来越难听，老郭和老李很快就听见了。

老郭想："她虽然在骂人，但没有点名，我又没偷她家的狗，犯不着和她计较，随她骂吧。"他关上窗户，隔绝了王大妈的谩骂声。

老李却想："这老太太指桑骂槐，明显是冲我来的，太没口德了，真是太气人了。"他想出去争辩几句，说自己没偷狗，但人家毕竟没有指名道姓，自己出去，反而有"此地无银三百两"的嫌疑。他只能一个人干生气，气得吃不下饭睡不着觉，第二天竟然病倒了。

几天之后的一个早上，王大妈在自家大门口发现了躺在那里的小黄狗。小黄狗浑身上下没一块干净的地方，口吐白沫，安静地闭着眼睛，显然已经死了。王大妈叫来儿子，儿子看到这个情景，说："咱家这狗多半是在外面吃了耗子药或不干净的东西，中毒死了。"

王大妈感到很伤心，到外面的田地里挖了一个坑把小狗埋了。想到自己这几天的所作所为，她觉得有些不好意思，便主动找老郭道歉，老郭笑着说"没事"。

王大妈来到老李家,发现老李正躺在床上输液,问道:"老李,你怎么病了?什么病?你看我这几天忙着找我家那条狗,都没有注意到你,真是不应该。"老李有苦说不出,只能怨自己小心眼,拿王大妈的错误惩罚自己,让身体遭了罪,他感到后悔不已。

众所周知,气大伤身。为别人的错误而生气,只能伤了自己,气出病来;即使进行了反击,往往也是伤人伤己。所以,很多时候,对于很多人和事,根本犯不着生气,心胸开阔一点,凡事看开一点,才能活得轻松一些。

2. 总是用自己的过失折磨自己——烦恼

常言道:"世上本无事,庸人自扰之。"其实,世上根本就没那么多大事小情,多数的烦恼都是人们自找的,是我们自己的念头所致。"烦恼天天有,不捡自然无",你不理烦恼,烦恼也不会来找你。所有痛苦的感知,很多时候都是我们给自己的,并非都是别人带来的。

周围的环境是客观存在的,关键在于我们的心态。遇到逆境,内心强大,不自我折磨,才能用智慧转化自己的境遇,改变自身的处境。你不伤害自己,谁也伤害不了你;不自我折磨,烦恼就会少一些。

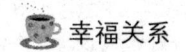

如果你遇事容易烦恼，别人轻易就能影响你的心情，说明你的能量比较弱，缺乏处理问题的能力。任何人都无法拒绝麻烦来袭，虽然我们不能掌控人生的无常，但可以巧妙地应对，不让它们左右我们的生活。

做个积极乐观的人，气量大一些，烦恼才能少一些。把什么事都看在眼里，太过较真，只能让自己背上沉重的心理负担。对某些事或某些人心心念念放不下，是一种无形的枷锁，任何人都无法帮到你。人生在世，很多事都无法强求，对于原本就不属于自己的东西，不强求，敢放手，才能让自己轻松一些。

万事皆有因缘，既然事情无法改变，安心过好当下的日子即可。世间最好的"放生"，其实就是放过自己，跟自己和解。善待自己，活出真实的自己，才有能力善待他人。自己活得快乐幸福，才能传递给他人更多的爱。整天满腹愁怨，看这个不顺眼，看那个又生气，生活就不会顺心。只有先从自己的错误中跳出来，保持心情舒畅，做事才能得心应手，内心才能充满阳光。

人生这一世，短短数十载，我们不可能什么都拥有，也不会什么都没有，既不要对自己失望，也不要自我放弃，时间不仅会慢慢告诉我们答案，也是治愈烦恼的"良药"。

人活一世，不可能所有的事情都能做好，也不可能所有的事情都会失败。遇到问题,遇到挫折,并不都是坏事,要认真思考,强化认知,从失败中吸取教训,不断进取。

每个人都是不完美的,承认自己的缺憾是人生的必修课。原谅自己的过失,包容自己的缺点,才能做一个善良温和的人,与自己和解。

3. 习惯用无奈的往事摧残自己——后悔

多年前,为了实现自身价值,一个年轻人打算离开家乡,到他乡谋求出路。

离开之前,他先去拜访了一位哲人,请求对方给自己一些建议。哲人说:"人生的秘诀只有6个字,今天先送你3个,这3个字就是:不要怕。"

30年后,年轻人已人到中年,取得了一些成就,也平添了许多烦恼。回到家后,他喜忧参半,又去拜访那位哲人。结果,当他来到哲人家时,才知道哲人已经去世好几年了。

哲人的家人拿出一个密封的信封对他说:"这是我家先生专门留给你的,他说有一天你会再来。"他拆开信封,看到信上写着:不要悔。

人生终得圆满。从生命的起点到终点，我们会经历低谷，走过高峰，然后又回到低谷，最终在属于自己的土地上安然逝去。这是我们必然要经历的生命旅途，但一定要记住：年轻时"不要怕"，要抓住机遇，拼搏进取；中年后"不要悔"，只要拼搏过、奋斗过，就可以问心无愧。

日子如流水般匆匆而过，当你回首往事的时候，会不会为自己过去的错误或无知而感到后悔呢？

（1）逢师不学而后悔。好知识难遇难求，良师会给我们带来深远的影响，一句告诫的话足以让我们终生受用。遇到了良师而不好好跟着学习，等到时间过去，只能留下深深的遗憾。

（2）遇贤不交而后悔。古人说："良药苦口利于病，忠言逆耳利于行。"在我们的一生中，能够遇到一位贤达知己，是非常难得的。如果对方直言敢谏，要倾心接纳，千万不要排斥，否则对方就会离你而去，以后再也听不到他的建议了。

（3）事亲不孝丧而后悔。所谓"生前一滴水，胜过死后百重泉"，父母活着的时候，要多尽一点孝心，承欢膝下、甘旨奉养，不要百般忤逆，等到慈亲离世，才后悔自己以前没有孝顺他们。

（4）见死不救而后悔。看到他人遇到危难而不愿伸出援助之手，事后就容易产生"吾虽不杀伯仁，伯仁由我而死"的无穷悔恨。

（5）有财不施而后悔。如果你生活条件不错，亲朋好友跟你借钱，就慷慨一些，不要等对方跟自己关系淡了才后悔。

4. 时常用虚拟的风险吓唬自己——忧虑

生活中，很多人经常会被身边的环境影响，把自己吓傻，比如：

同事告诉你，听说公司下个月要裁员，只会留下少部分优秀员工。你开始担心，自己的工作是不是也保不住了。

你使用信用卡，每个月虽然有些力不从心，但都能正常还款。别人告诉你，如果还不上款会怎样，你便开始担心，要是自己还不上了，是不是会坐牢？

看到闺蜜与男友分手，你开始提醒自己，失恋了居然这么伤心，还是不要谈恋爱了。

……

世事变迁，过去怎么样，并不代表未来会怎么样；别人怎样，也不代表你就会怎样。不要把自己的未来交给你听到的、看到的或经历过的事物。遇事不慌，保持淡定，才能找到真实的自我。

很多时候，你不是被环境改变，也不是被他人改变，而是被自己改变的。比如，为什么会被辞退？不是老板不相信你，而是

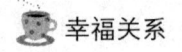

你不相信自己可以完成老板交给的任务。为什么会跟恋人分手？不是你不相信对方，而是不相信自己，总把最悲伤、最恐惧的一面留给自己。

别人还没出手，你就被自己给吓倒了，不相信自己，怎么能战胜困难？遇事淡定，处事泰然，多方思考，相信"相信"的力量，才能减少忧虑，战胜一切。

5. 经常用自制的牢房禁锢自己——孤独

所谓孤独，其实就是缺乏正常的社会接触。

社会心理学家认为，孤独具备以下三个特点：首先，它是由社会关系的缺陷造成的；其次，它是不愉快的、苦恼的；最后，它是一种主观感觉，而不是一种客观状态。孤独一般有两种类型：一是情绪性隔绝，孤独者不愿意与周围人来往；二是社会性隔绝，孤独者缺少朋友或亲属。

孤独产生的原因多而杂，比如，事业上遭遇挫折，自我封闭；缺乏与异性的交往，不知如何跟他人相处；失去父母的关爱，情感缺失；夫妻感情不和，觉得无人理解；周围没有朋友，心里藏着话却无人倾听……此外，孤独的产生还跟个人的性格有关，比如，有的人情绪不稳定，容易得罪别人，就容易陷入孤独的状态；有的人精于算计，遇事喜欢斤斤计较，重视个人得失，往往没人

第二章 关于成长

愿意跟他相处。

孤独是一种人人都不愿遇到的状态，只能带给我们种种消极体验，比如，沮丧、失助、抑郁、烦躁、自卑、绝望等，严重的还会危害到人体健康，调查显示，身体健康但精神孤独的人十年之内的死亡数量要比身体健康且合群的人更多；精神孤独所引起的死亡率，跟肥胖症和高血压引起的死亡率差不多高。所以，如果你感到孤独，就要进行冷静、客观、合理的估计，特别要留意自身的长处，增强自信。

在我们的一生中，每个人都会或多或少地体验到孤独感。有孤独感并不可怕，但如果这种心理得不到疏导或解脱而形成习惯，性情就会变得孤僻古怪，严重的甚至还可能变成孤独症。因此，为了不让自己步入孤独的境地，在日常生活中，我们就要留意自己的行为。比如：

自己能否按照自己的意愿或计划行事？

自己是否耽于梦想，而这梦想又不可能实现？

自己是否跟亲人分离或经历过亲人死亡的打击？

自己是否内心有难言的羞耻感？

自己是否被排斥在团体之外？

自己是否被他人嘲笑或轻视？

57

自己是否处处和他人不和，不能跟他们自然地相处？

自己是否不敢向他人吐露心事，害怕被人嘲笑？

自己是否被父母限制了活动和交往？

自己的生活是否被新的环境所改变？

自己是否对别人做的一切都不感兴趣？

自己是否感到无聊空虚，不知该做什么？

自己是否不敢跟他人交往或交谈？

自己是否觉得"没人理解我"？

……

只要出现了以上任何一条，就要小心了，长期将自己禁锢于这些负面情绪，孤独感就容易悄然而至。

6. 总是用别人的长处诋毁自己——自卑

想想看，下面这些情景是否在你的脑海中闪现过？

年少时，邻居家的孩子穿新衣、戴新帽、背新书包，看看自己满是褶皱的旧衣服，你是不是心里有些难过？

高中时，看到班上的一个女生长得比你漂亮，很多男生都喜欢她，你是否生出了忌妒心？

成年后的你，看到当年比你学习差的同学有车有房有祖业，自己马上奔四了，却依然一无所有，是否感到心里不舒服？

第二章　关于成长

处在社会大环境里，总会有些人让你我经过种种比较后发现相差甚远，却只能仰望苍穹，感叹自己的渺小。拿别人的长处来诋毁自己，只能让自己陷入自卑的深渊。

自卑是阻挡一个人不断前行的绊脚石，如果在你身上也存在这样的问题，就要及时改变观念了。

（1）接纳自己的自卑。成长的任何阶段，都是精彩人生的一部分。对于自卑情节，我们根本不用刻意去回避，更不要觉得自卑是件丢人的事情。即使是成功人士，在某些方面也有不如他人的地方，他们也曾经自卑过。所以，对于自卑，坦然接受即可，完全不必因自卑而无精打采或一蹶不振。

（2）转移关注点。很多时候，我们目之所及，只能看到别人的长处，很少会关注到自己的优势，比如：自己的生活水平不如他人，人际关系不如他人，生活品位不如他人……这样的不足多了，就会让你感到不舒服，继而引发自卑。其实，只要我们转移自己的关注点，就能避免走入自卑的怪圈。比如，不盯着对方的名牌衣服，不盯着人家鼓鼓的腰包……钱包是他人的，生活是自己的，要把关注点放在如何让自己比昨天好一点、如何让自己比昨天开心一点上，努力去寻找措施和方法。

（3）画出让你有成就感的事件。想想看，你做过的哪些事情

59

让你和家人高兴或感动；你取得的哪些成绩让同学和朋友对你羡慕不已；在你的生活或工作中，哪几件事情让你成就感十足，让你感到异常开心……把它们画出来，记录下曾经有谁夸过你、怎么夸的你，当这些充满成就感的画面直接呈现在自己面前时，你的自信心就能得到提升。

学会与自己和解

人生就是一场不断与自己和解的旅途，不能与自己和解，就会处处和自己较劲，无论你有没有意识到。

不懂得与自己和解，心情不好的时候，就容易放纵自己，事后又陷入深深的自责。你会揪着自己的错误不放，内心的苦痛无法得到安抚，之后引起相同感受的事情会再一次发生……如此，就会陷入一种恶性循环，自己的人生也会被困在同一种模式的关卡中。

只有与自己和解，才能放下自我，承认已经发生的事情，不纠结，不计较，从而收获真正的幸福。

1. 与自己的平凡和解

年轻时，很多人都希望自己能够如夏花般灿烂，能够站在人群之外的巅峰,做一个勇士,逆流而上,但经历的事情多了,遭受的挫折多了,就会逐渐发现,生活就是一个慢慢接纳的过程。今天的我们虽然年轻,但终有一天会老去,当心中的奢望慢慢淡化,最终就只能学会接受现实。

就像朴树在《平凡之路》里唱的:

我曾经跨过山和大海

也穿过人山人海

我曾经拥有着的一切

转眼都飘散如烟

我曾经失落失望失掉所有方向

直到看见平凡才是唯一的答案

从幼儿时期,家长就希望我们"努力学习,取得成功";而更多的社会现实也逼着我们"只有好好学习,才能获得幸福"。这些理想如同在我们脑海中编织的一个美梦,你无数次想伸手抓住它,但好像每次都只差一点点,看到自己努力了却够不着、得不到,你感到痛苦、绝望甚至怨恨,但直到后来才明白:多数人的一生,平凡才是常态,我们拼尽全力,只不过是为了更好地过完这一生。

周国平告诉我们，人的一生要经历三次成长：第一次是发现自己不再是世界中心的时候；第二次是发现无论再怎么努力也无能为力的时候；第三次是接受自己的平凡并享受平凡的时候。很多人孜孜不倦追求的其实只是自己的无穷欲望，甚至将这种欲望当作不甘于平凡的志向。很少有人知道，在追求不平凡的自己时，也就失去了最真实的自己。

平凡绝不是平庸，而是对自己有清醒的认知和判断，在力所能及的范围内，以一颗平常心去持续追求自我价值。接纳自己的平凡，在经历迷茫和痛苦之后，就能对自己释然。

很多人都希望在有限的人生里自己能做出一番成就，现实却常常事与愿违，让我们的付出和收获不成正比。因为，这里有一个重要的事实，就是我们都是平凡的人。

平凡既是人生常态，也是一种幸福，更是命运送给我们的最好礼物。人世间的一切不平凡，最后都要回归平凡，都要用平凡生活来衡量其价值。不要一心向往伟大、精彩和成功，如果能把平凡生活真正过好，人生也是圆满的。

人生最好的状态，就是被生活磨得百孔千疮后，依然能一如既往地热爱生活，在平凡中发现幸福。不要用世俗的功名利禄绑架自己,不要与平凡的自己为敌,我们要用平常之心看待这个世界,以欢喜之心自由生活,感受平常生活的点滴幸福。

超越了庸常的琐碎,就能发现一个更强大的自己,你的平凡生活,终会因自己闪光的心而变得不再平凡。学会与自己的平凡和解,与世界握手言和,你才能活得通透。

人生在于感悟,生活在于领悟。历尽千帆,我们就会慢慢发现,用尽所有的力气,过完平凡的一生,这就是莫大的幸福。

2. 与自己的情绪和解

情绪是一种信号,每时每刻都在向我们传递各种信息,而不同的信息又会引发我们不同的情感体验,比如,感恩的情绪会让人感到舒适,压抑的情绪会让人变得僵硬,仇恨的情绪会让人充满愤怒,悲伤的情绪会让人感到浑身无力……无法正视自己的情绪需求,其实就是在否定自己内心的真实感受。

情绪之所以会反复出现,是因为我们一直在抗拒它,不允许它流动,情绪只能自己找机会爆发。

感受是个人对这个世界最直观的体验,没办法和自己的情绪和解,不接纳自己的情绪,自己的能量流动就会受阻,继而否定自己的感受,变得心灰意冷。只有自己的感受被看见,才会觉得温暖,那种温暖的感觉其实就是爱。

所谓与情绪和解，就是不压抑情绪，允许它存在，承认自己当下的感受，即使你不一定能用爱的心态去看待它的出现。无法跟自己的情绪和解，就只能用压抑的手段来转移注意力。这种做法看似有效，被压抑的情绪却会让我们陷入另一种模式，例如，不允许自己有自卑的感受，不承认自己自卑……如此，必然会看到更多让自己感到自卑的事物。

凡是让你抗拒的，终将持续下去。各种情绪之所以会一次次出现，并不是为了折磨你，而是用反复出现的方式来提醒你问题依然存在，你需要解决它。

与自己的情绪和解，就会承认情绪的存在，承认自己当下的真情实感。因此，每天都要给自己留一点时间，静静地想想自己想要什么、不想要什么，明确自己的情绪需求。让外在的行为和内在的灵魂保持一致，让自己保持在一种和谐的状态下，我们的情绪才是积极向上的。

对于我们来说，学会与自己的情绪和解，是一项重要的能力。认真倾听情绪的声音，不再一味压制内心传递给你的信号，你的情绪就会慢慢归于平静，生活也会变得更加美好。

（1）怒时不言。有句俗语这样说："盛喜中勿许人物，盛怒中勿答人书"，也就是说，情绪亢奋、心中大喜时不要向别人许诺，非常生气、异常愤怒时不要与别人说话。原因何在？因为当你生气愤怒的时候，最容易说出伤人的狠话，这些言语会像刀剑一样，刺伤人心。事情过后即使拔掉，伤痕依然会存在。因此，愤怒时不用言语攻击他人，是我们一辈子需要修行的技能。

（2）恼时不争。恼时不争，并不是认怂，而是一种低调的智慧。为了发泄心中的怒火，不计后果地与人争论或争吵，是一种异常愚蠢的行为。不要为一时的对错，跟他人争得面红耳赤，摆出一副咄咄逼人的架势，即使你赢了，也只是争了气势，输掉的却是你的格局。

（3）败时不丧。女孩在两个星期内面试了十几家公司，向她递出橄榄枝的公司，她不是嫌距离远，就是嫌薪水低，不愿意去。而她中意的公司，却婉言拒绝她："回去等消息吧。"当她从这家公司出来时，她的感觉超级糟糕，觉得自己一无是处，异常沮丧。在我们一生中，会经历很多不如意，不要让这些事情影响了自己的心情，不要沮丧，要勇敢地面对失败，以饱满的热情再次出发。失败和挫折都是人生的常态，不要因一时的沮丧和疲惫而放弃前进，经得起当下的沮丧，你才能拥有抵抗风雨的实力。

（4）乱时不决。慌乱时，人们往往容易冲动行事，做出让自己后悔不迭的事。其实，与其后悔，不如让自己等待几秒，缓和

幸福关系

情绪后再做决策。让自己的情绪稳定下来，给自己冷静思考的时间，就不会落入情绪的圈套。正所谓："心浮气躁者，一事无成；沉着冷静者，百福自集。"遇事沉着冷静，内心才能沉稳，才可从容、淡定地面对周围发生的一切。

3. 与自己的生活和解

沉溺于往事并不能让过去的伤口愈合，只有活在当下，与自己的生活和解，才能抚平昨日的伤痛。

2022年年底，李梅打算和闺蜜结伴去丽江玩。当时，她们做出这个决定的时候特别快，因为当时正值旅游淡季，机票价有折扣。

李梅浏览网页时，无意中点开了机票信息，发现第二天的机票价格特别低，于是果断发信息给闺蜜："明天去丽江，三天。"五分钟后，她就收到了闺蜜的回复："好啊，我来订票，你订客栈。"第二天下午，她们俩就坐上了飞往丽江的航班。

事实证明，这次临时决定的丽江之行非常愉悦。后来，李梅问闺蜜："当我提议去丽江时，你为什么决定得那么快？"闺蜜笑着回答："想到就去做。而且只有三天时间，票价也很低，为什么不去？我做事情的原则就是自己高兴，别人也高兴。想多了，啥事都做不成。"

这可能就是众人艳羡的"说走就走的旅行"。这种做事爽快、关注当下的人生态度和做事准则，其实就是活在当下。想约朋友聚餐就在今天，想和爱人出去走走就在今天，想陪孩子玩耍就在今天，想学习一项技能就在今天……因为明天的情况、环境、心情都不一样，谁都不知道未来会发生什么，到时候可能一切都变了，既然已经决定去做这件事，不如选在今天去做。

生活中，无论做什么事情，只要我们能把全部精力投入其中，感受到现在的存在，那就是幸福。杜甫有诗云："明日隔山岳，世事两茫茫。"光阴匆匆如流水，遗憾的是，很多人不善于把握当下，错过了许多人、许多事、许多景，明天却又不知道该如何过。活在当下，才是一种全身心地投入人生的生活方式。

眼中只有当下，就不会被过去拖住后腿，也不会被未来拉着往前，将自己的全部能量都集中在这一时刻，自然就会少了很多苦恼和担忧。这一刻的你才是最真实的，生命也会因此多出一种强烈的张力，使你只前进不后退。

现实中，很多事非人力所能把控，执着于那些无法改变的事实，只会将自己搞得筋疲力尽、痛苦不堪。轻易放弃了不该放弃的，固执坚持了不该坚持的，自己也会被折腾得伤痕累累。执于一念，困于一念，既是一种负担，更是一种羁绊。与其被执念折磨，不如放下，关注当下，与自己的生活和解。

放下，是一种处世态度，更是一种生存智慧。以一颗平常心去对待生活，不执着于过去，不纠结于未来，才能活出真正的自己。学会与生活和解，直面生活给予的暴风骤雨，毅然前行，自己的生命之花才会绚丽绽放。

通过他人，看清自己，认识自己

在这个世界上有一种极其强大的能力，就是通过别人看清自己，把每一个遇见的人都当成自己的镜子。

人际关系就像一面镜子，能映射出真实的自己。很多人喜欢抱怨别人，说对方如何如何不好，其实并不是别人出了问题，而是没有看清自己，不知道自己究竟是什么样子。

你是怎样一个人，可以从他人的言语中听出；你将事情做得怎么样，也可以通过与别人的比较看出来。因此，想知道自己长得怎么样，照镜子看看自己的模样，听听别人对自己的评说，自然就会知道。因为，自己处在什么位置，需要通过参照物来比较和确定；自己的水平是高是低，也需要通过与别人交流沟通，才能有所认识，有所感悟。

从认知角度讲，人是很难认清自己的，所谓"不识庐山真面目，只缘身在此山中"就是这个道理。从自己的视角，往往很难看到自己背后的事情；从自己的立场，也很难转换到他人的位置上。比如，对自己的利益，总是本能地守护和争取；对自己的情感，会产生自爱、自怜和自谅等情感……这些做法都会约束自我认知，让你对自己的认识不客观、不全面、不公正。如果你取得了一些成绩、在某行业具有一定权威、握有一些话语权，就更难正确认识自己了。以过去的成功来肯定现在的做法，以自认为的正确来驳斥别人的观点，会让你忽视自己的不足，看不见别人的长处，继而变得自我欣赏、自高自大。

看不清自己的人，容易产生自满、自卑等情绪，或故步自封，或畏缩不前，或放任自流，严重影响自己为人处世的能力，成为自我实现的障碍。

所谓"知人者智，自知者明"，真正的智慧在于看清自己，自我成长，因为自己才是一切问题的根源，而通过别人来了解自己就是一条较好的途径。因为透过别人，你才能认识真正的自己，才能从别人身上看到真实的自己。

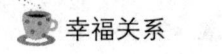

1. 所有的人际关系都是一面镜子

所有的人际关系都是一面镜子,透过这些"镜子",你就能认识真正的自己。

在了解对方的过程中,其实我们也在不知不觉地了解自己;了解了别人的感觉和想法,也能让你了解自己。即使是令你厌恶的人,也是在帮你了解自己,让你发觉自己的不足。从某种程度上讲,这也是我们跟一个人越亲密就越容易产生厌恶感的原因,因为通过他,你能够看到自己的"真面目"。

2. 你是什么样的人,就会认为别人是什么样的人

你是什么样的人,就会认为别人是什么样的人;你不能容忍他人的部分,就是不能容忍自己的部分;别人让你讨厌的地方,通常也是你最受不了自己的地方。

如果你品德不好,就会对别人的品德心生质疑;

如果你对别人不忠诚,也会怀疑别人对自己不忠诚;

如果你不正直、不正经,就会把别人的任何举动都想歪,因为你就是那样的人;

如果你对异性有非分之想,自然而然地也会猜疑自己的另一半;

如果你觉得自己总遇到讨厌的事或人,那自己往往也是令人讨厌的人；

如果你喜欢挑人毛病，那至少说明你的毛病也很多。

同样，如果你爱发脾气，就会认为别人常惹你生气，每件事都可能变成你愤怒的理由。并不是说每一样东西都是错的，而是你会把隐藏在自己内心深处的东西都投射到别人身上，谴责每一个人、每一件事，因为你有太多的怒气，即使是一点小事，也能引燃你的怒火。

只有你的内心走向良善时，才会停止批评别人。

3. 你对外排斥什么，对内就排斥什么

你内在有什么弱点和缺失，就会吸引到能掌控你内在弱点和缺失的人；你对外排斥什么，对内就排斥什么。

如果你控制欲太强，总想控制他人，除非自己内在的空虚得到填补，否则就不可能放下别人，更无法解放自己；

如果你满怀怨恨，他人的只言片语都能让你心生恨意，除非你的愤懑情绪得到疏解，否则就不可能停止怨怼；

如果你忌妒心重，只要看到他人某方面比自己强，就妒忌对方，除非你能找到自信，不再跟人比较，否则就不可能停止忌妒。

每个人外在的言行举止都是内在思想的呈现。无法信任自己，就很难信任别人；无法尊重自己，就很难尊重别人；无法肯定自

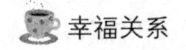

己，就不会肯定别人；不能照亮自己，也就不可能照亮别人。

你与每个人的关系，都可以反映出你与自己的关系。不断地与自己的内在发生冲突，也会不断地与别人发生冲突；自己的情感不断挣扎，也会与别人在情感上发生挣扎。

我们在感情中遭遇的问题，都是自己的内在问题；我们吸引的关系，都可以反映出自己拥有的特质，呈现出自己内在的自我。所以，我们不仅要检讨自己跟别人的关系，还要反省跟自己的关系。如果想改善外在的一切，就要从改变内在开始。

记住，你约束别人，自己也会被约束；你给他人自由，你自己也能得到自由。那些最难得到原谅的人，正是你最需要原谅的人；那些最难放手的人，也是你最需要放手的人。

只要愿意，信念系统完全可以改变

现实生活中，如果某些事情做得不如意，有些人就会感到疲惫、无力、愤慨、内疚、无奈，甚至厌恶生活。其实主要原因是，自己被一些局限性的信念所控，行为模式就达不到应有的效果。而要想让自己的人生过得更好，就要先改变自己的信念系统。

第二章 关于成长

两次高考惨淡收场后,父亲给女孩下了定论:不适合学习。虽然女孩不愿相信,毕竟自己在学业上取得过引以为傲的成绩,但连续两次的高考失利,让她变得不再相信自己,女孩从内心深处还是相信了父亲的那句话,并在接下来的日子里亲身验证了那句话。再想想,母亲早前就认定她是个敏感、毛病很多、一无是处的人……

在父母的双重打击下,女孩彻底被打败。她不想再复读,也不想出去找工作,整天都窝在家里玩手机,不洗漱,不换衣,不交友,不说话……真正成了一个一身毛病、一无是处的人。

后来,女孩终究不甘堕落,她告诉自己"没有适合不适合,只有努力不努力"。女孩重拾信心,鼓起勇气,慢慢地从狭隘、封闭和僵化的思想桎梏中破壳而出,走出了那个满是悲观无助的黑暗世界,踏上了追求成长和发展的道路。

女孩选择了自考,通过三年的努力,取得了自考本科毕业证。之后,她又不断坚持,克服困难,通过自己的努力,找到了适合自己的工作,过上了自己想要的生活,活出了想要的人生。

信念,是一种信奉并践行的观念,也是引导我们做出选择和行动的精神动力。心中都是烦恼的念头，眼中的世界和身在其中的人就会心生烦恼。

在生活和人生中，信念决定着我们在抉择时在意什么，无视什么，比如，相信自己聪明的人会变得更加智慧，相信自己一无是处的人会变得萎靡消沉，相信人生潜藏喜悦的人能够品尝到喜悦，相信人生如战场的人会拼命搏斗。

信念，是一把"双刃剑"，一边是积极，一边是消极。积极的信念可以使我们有所成就，消极的信念则会拖我们的后腿，阻止我们挖掘自身潜能。缺乏心理能量和心理支持系统的人，如果想发挥自己的主观能动性，想冲破那些由内到外的壳，想改变自己的生活环境，就必须改变自己的信念系统，采纳积极的信念，消除负面的、限制性的信念。

1. 放下珍视的种种限定和价值观

只要你愿意，就能改变你的信念系统。而如果想改变信念系统，就要从全新的角度去看待我们过去珍视的种种限定和价值观。比如，放下对恐惧、愤怒、内疚和痛苦的执着，让过去成为过去，所有属于过去以及被我们延伸到当下和未来的恐惧，必然会随之而去。停止评判、放下期待，就能得到更多惊喜。

有些人或许觉得，要想做到这些事情很难，因为只要跟某人相处几分钟，他们就忍不住想批判对方，更别说一待就是一整天了。不要频繁地指责他人和自己，不要觉得自己根本不可能停止评判，其实，只要学着停止评判，不追求十全十美，这些事情我们都能做到。

2. 改变信念，寻找积极的意义

遇到问题时，只要改变不恰当的信念，就能向更好的方向发展。比如，工作中被老板批评，有些人会感到生气沮丧，最终沦为情绪的奴隶，有的人甚至会因情绪失控而丢失工作。其实，只要换个认知，改变这种不恰当的信念，寻找积极的意义，就能取得好的结果。同样是老板的批评，完全可以合理评估一下这些批评是否有道理。如果老板说得有道理，你就改进，争取以后做得更好；如果对方没道理，完全可以不用理会，只做正确的事情就行。如此，你就不会被坏情绪所困扰，也不会影响了自己做事的心情，相反还可以寻找到积极的意义，使自己过得充实快乐。

3. 敢于承担责任

无论做任何事情，都要对自己负责，主动承担每一次选择、每一个行为产生的结果。生活中我们经常会听到这样的话："都是你让我心情不好的""要不是你，我就不会……"试想，大脑是你的，手脚是你的，别人怎么能限制你做什么不做什么？其实，所有事情的最终结果都是由你的行为产生的，不断地推卸责任，让别人给自己当替罪羊，只能证明你的怯懦。

人和动物的根本区别，就是人可以自己做选择，承担自己的责任，一旦开始做某件事，就要想到相应的结果，并为之承担应有的责任。

比如，你和男友是大学同学，毕业后男友到广州发展，你留在了当地。男友很快在广州找到了工作，待遇也不错，希望你也去广州发展。为了结束这种异地状态，你心甘情愿地辞掉了工作，去了广州。

结果，到了广州后，你却找不到合适的工作，吃饭都成了问题，只能向男友求助。男友很体贴，将工资卡给了你，但时间长了，问题就出现了：你说他不关心你，没时间陪你；他抱怨你不出去找工作，花钱大手大脚……你感到很伤心，抱怨说："要不是因为你，我就不会来这里，为了你，我付出那么多。"

其实，既然已经来到广州，既然选择了爱情，说这些已经没有太多的意义，又不是男友把你绑去广州的。而且，在你去广州之前，就应该考虑到将来可能面临的问题，如果所有不好的事情都让你遇到了，就要勇敢地接受，即使感到不甘或伤心，也必须为自己的选择负责。因为这个结果是由你前面的选择产生的，不能埋怨他人。

4. 打破局限，提升自己

人是有局限性的，很多时候我们都无法预知周围环境发生的变化，更不能及时做出应对。习惯待在舒适区，久而久之，各项能力就会退化，继而失去竞争力。而我们骨子里又希望自己优秀，不断地变得卓越。这看起来似乎是一种不可调和的矛盾，其实不然。人的聪明之处就在于，知道自身的局限，敢于不断尝试，成就优秀的自己。

比如，学生时代写作文。如果某个题目不会写，你觉得写100个字就很有成就感。如果每天都坚持写100字，一段时间后，随便一写，就能写1000字，再坚持写一段时间，发现自己写几千字也很轻松……这就是一个不断超越自我的过程。

在这个过程中，每次我们都有一个最低目标，比如，刚开始的100字、1000字，如果自己的期望值（理想目标）是写几万字或一本书，如何实现这个期望值呢？答案就是，不断提高最低目标，当提高到跟理想目标无差别或差别不大的时候，也就达到了目标。这时候，我们会产生一种极大的成就感。

当然，每个理想目标都是下一阶段的最低目标，也正是因为

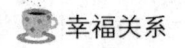

有了最低目标和理想目标之间的差距，我们才有动力去不断地追求，努力奋进。

写下愿望并耐心等待，愿望就能真的实现

何为"宇宙订单"？该说法最早由德国畅销书作家巴贝尔·摩尔提出，一直以来，他都在通过写作和讲座的方式，告诉人们如何用"宇宙订单"的方式让自己的生活更加美满。跟吸引力法则一样，"宇宙订单"也是一种积极的思维方式。在具体实践上，"宇宙订单"和你的生日愿望类似。也就是说，要想让愿望变成现实，就要将它写下来并耐心等待。

在美国西部的一个小乡村，有一个平凡的少年，虽然家里生活条件不好，但他有着远大的理想。

15岁那年，少年写了一篇气势不凡的文章《一生的志愿》："要到尼罗河、亚马孙河和刚果河探险；要登上珠穆朗玛峰、乞力马扎罗山和麦金利峰；驾驭大象、骆驼、鸵鸟和野马；探访马可波罗和亚力山大一世走过的路；主演一部《人猿泰山》那样的电

影；驾驶飞行器起飞降落；读完莎士比亚、柏拉图和亚里士多德的著作；谱一首乐曲；写一本书；拥有一项发明专利；给非洲的孩子筹集100万美元捐款……"

在这篇文章中，少年一共列出了127个宏伟志愿，亲人和朋友看到他的这篇文章时，都不禁哑然失笑，觉得少年有些异想天开。他们认为，虽然写了这么多理想，但仅靠他一个人的力量，几乎都不可能实现。

少年却没有在乎人们的想法，他开始为实现这些理想而努力。经过自己的不懈努力，走过一路风霜雨雪，少年硬是把一个个近乎空想的夙愿变成了活生生的现实，他也因此一次次地品尝到了搏击与成功的喜悦。

多年过去，少年凭着自己的满腔热血和不服输的劲头，完成了绝大部分愿望。这简直就是一个奇迹，人们都觉得不可思议。这个"少年"，就是20世纪美国探险家约翰·戈达德。

后来，有人问戈达德，为什么他能将常人无法实现的愿望逐一实现？戈达德的回答很简单："我让心灵先到达那个地方，之后周身就会生出一股神奇的力量，接下来我只要沿着心灵的召唤前进就行了。"

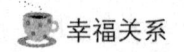

德国畅销书作家巴贝尔·摩尔认为，只要写下愿望并付出行动，就能实现愿望。"宇宙订单"是一种积极对待世界的方式，当你向宇宙下了订单，你要明白你不是向别人索要，而是跟自己要。你是宇宙的主宰，物质、金钱、财富、感情和婚姻等都存在于这个宇宙中，你想要什么，就能吸引什么。这也是"向宇宙下订单"的精髓。那么，如何"向宇宙下订单"呢？一共需要经历七个步骤。

第一步：写下你的愿景

所谓愿景，就是对自己想要的事物有一个图像、构想、愿望和梦想。明确了个人愿景，就能在黑暗时照亮前进的道路，激励你摆脱所有造成阻碍的东西。

就像公司或学校需要写使命陈述一样，每个人都需要将自己的愿景以文字的形式写下来，明白自己想要的是什么，生活中最重要的点是什么。否则，你永远都不会知道自己在朝着什么方向努力。

你可以把愿景写在一张纸上，贴到电脑旁边，或折叠起来放进钱包，时刻带在身边。

第二步：强烈的愿望或渴望

对自己真正想要的东西，我们都会生出一股强大的能量和一种强烈的情绪。在此,"渴望"就是一个最恰当的表达词语。渴望,是一种非常强烈的意愿,是得到那个现实中你想要的事物的重要因素。借助这种强烈的渴望,就能将愿景的能量"泵"入到你的情绪中,使能量运行起来。当你强烈地渴望去做一件事时,就能激发出强大的自驱力,主动性更强,更容易接受挫折,也更容易取得成绩。

第三步:坚定信念

如果连你都不相信自己能实现这个愿景,不相信自己值得拥有它,它就很难实现。你必须将愿景放在心中,不断探索,审查自己的内在,确认你有那个信念,可以将它实现。同时,你必须相信自己值得拥有它,无论你触及到的内在关于你生命的定义是什么,它都会使你的愿望变成可能。

无论你多么渴望实现这个愿景,无论你的愿景多么清晰,只要你不相信它是可能实现的,它就不会实现。所以,一定要努力探究你到底相信什么,找出自己倾向于相信什么,找出你的信念来自哪里,找出你坚守这些信念的原因,找出究竟是什么让你相信了那些定义。然后,为自己做个决定,用想象创造新的定义,这个定义就代表了你想要的和你真正希望的。

最后，知晓那些新的信念，这就涉及了实现的第四步，即接纳。

第四步：接纳自己

知道并坚定了自己的信念后，就到了实现的第四步，即全然接纳自己，接纳新的信念，不带有丝毫怀疑的色彩，十分肯定。全然接纳这些新的定义和信念，它们会使实现成为可能。

第五步：意向聚焦

前四个步骤，其实就是实现的"基础配置"。只要明确了愿景，有了强烈的实现愿望，有了清晰的信念，完全接纳，就需要"意向"了。

到了这一步，你可能想要某个事物，但未必有意向。这时候，就要聚焦你的意向，聚焦你的决心。你必须有明确的意向要将它实现，这也是你现实的潜意识"令箭"。

第六步：行动起来

你必须以"愿望已经实现"的方式和态度去做那些事情，在行动上好像自己已经身处想象的那种状态，要让你的行为看起来如同你的愿望已然实现一样。

身体语言能够表达出你真正相信什么、能够真正做到什么、真正相信当下的你是怎样的，当你将所有的愿景、渴望、信念、接纳和意向等导入自己的行动时，你的行为和身体语言就会和以前大不相同。它们代表了你现在聚焦的现实，而不是你已经不再偏好的现实。因此，行动真的很重要。

第七步：允许

"允许"是实现的最后一个步骤。这时候，你已经形成了一个强烈而清晰的愿景，产生了非常强烈的渴望，建立了清晰的定义与信念，完全接纳了新的信念，你已经在聚焦自己的意向，并将它们反映在自己的行动中。然后，你需要完全地、确确实实地、绝对地放下对结果的任何期望。

如此，你向宇宙下的"订单"就会实现，你曾经想象的人、事、物就会真切地出现在你的面前。这并不是一件神奇的事，这只不过是你唤醒内在自我并成功的一个过程罢了。

第三章　关于情绪

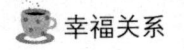

每个人都要对自己的情绪负责

很多时候，我们之所以会感到悲伤、快乐、愤怒或不舒服，都是因为发生了某些事情或某些人让我们产生了这些情绪，觉得实在胸闷，认为有理由对别人发飙，继而表现出荒诞不经的言行，之后还会理所当然地说："没办法，我的感觉就是这么强烈。"其实，这都是对情绪的误解。

那么，究竟什么是情绪？情绪是我们对自己或别人的想法、对世界的想法所引起的反应。更简单地说，情绪都是"想出来的"，因为我们都喜欢东想西想，情绪自然也会起起落落。

回想一下，你上次为何心情不好？当时你为什么如此生气、沮丧、闷闷不乐？这种情绪来自哪里？任何人都不可能在没有任何想法之前便有情绪，一定是先有了负面想法，之后才出现了情绪的不良反应；一定是先有了悲观想法，之后才会情绪低落，甚至感到愤怒。

有一位妻子整天闷闷不乐，因为丈夫认为她笨头笨脑，什么事情都做不好，比如，炒菜，太淡；洗衣，不干净；说话，不分场合；带孩子，笨手笨脚……妻子感到很不开心，最后索性家里的事情就不插手了。丈夫又开始抱怨她什么都不做，她索性直接"躺平"了。

其实，如果妻子不知道丈夫认为她笨，就不会不快乐，她不会对不知道的事感到不开心。可见，是丈夫的想法使她不快乐，是她的想法使自己不快乐。

显然，情绪感受是我们自己产生的，不是某人或某事。当你感到愤怒、受伤或气得要命时，最初让你产生这种感觉的，并不是别人，而是你自己。

被自己的情绪所困，就像给自己写一封充满恶语的信，然后被信中的内容所激怒，着实太蠢。你的痛苦和难过都是自己制造出来的，如果不喜欢现在的感觉，不喜欢抑郁，就换个想法。

1. 对自己的情绪负责

既然要对自己的情绪负责，就要让"我对自己的情绪负责"的概念深深渗透你的心，成为疗愈你内心的处方，比如：我很沮丧，是我的责任；我乱发脾气，也是我的责任……有了这种认知，你的关注点就会从外面转移到自己身上。

学会向内求,你就能转变思想,整个人生也会变得与众不同。比如,有人伤害了你,你感到很生气,你可以想想,我为什么要为别人的卑劣来伤害自己的身体?只要远离他即可,为何要跟自己过不去?只看表面发生的事,你就会被自己的情绪牵着走,要想活出真实的自己,就要对自己的情绪负责。

2. 我们不是放不下旧伤,而是不想放下

人的痛苦主要有两种:一种是现在的痛苦,一种是过往的旧痛。

过往旧痛,是脑中残存的记忆或影像。我们之所以会感到痛苦,多半是因为从几年或几十年前出现第一次愤怒开始,就一直没有间断过,现在依然抓着不放。也正是因为这个原因,许多人一生气就会翻旧账,歇斯底里地把以前的愤怒或不愉快再重温一番。换句话说,我们并不是放不下旧伤,而是不想放下。既然事情已经成为过眼云烟,为什么还要继续纠结?放下了那个痛苦,也就放下了多年来关于它的"剧本",以及自己长久以来理所当然的所思所想。

生活中,如果想甩掉一件沉重而无用的行李,只要我们认识到自己不想继续承受重担,就能自然甩掉。同样,我们之所以会

为过去的创伤所困,是因为自己总去招惹它,结果害了自己,苦了自己。你不仅没有意识到这一点,还极力声称自己并不想痛苦,但你的思考和行为,都在让自己持续受苦。所以,在痛苦之前,必须先问问自己:"我还要让这种伤痛破坏自己的心情和幸福吗?""我还要让这个伤痛持续多久?"

3. 一个人有没有觉醒,只要看他是否执着于一个陈旧的故事即可

如果你觉得自己需要更多的时间觉醒,就会产生更多的痛苦。一再剥开伤口,伤口永远不可能愈合。不管过去曾经受过多少委屈、冤枉或欺骗,都已是过去的幻影。旧伤已经不在,除非你一直记得。幸福就在眼前,总是回头看,根本不可能看到新事物,也很难感受到幸福。

真正影响内在健康的是情绪垃圾

情绪是个人的需求是否得到满足的反映,人类和自己的情绪打交道是一种"全天候的活动"。

数据显示,在我们的一生中,大约有 40% 的时间都处于负面情绪状态。是不是觉得很可怕？但这就是事实，我们有将近一半的时间都在与各种消极情绪做斗争。尤其是中年人，面对婚姻、家庭、工作、学习、子女教育等压力，更容易产生着急、失落、生气、郁闷、懊恼、悲伤、痛苦、焦躁、愤怒、恐惧等负面情绪。如果不及时处理掉这些负面情绪，不仅会严重危及自己的生活，还会影响身边的家人和朋友。

最大的环保是人自身的环保。对于我们来说，不论每天内心是装着恐惧、压力、焦躁或愤怒，还是装着理解、宽容、慈悲与爱，都会把这些传导给身边的人，对身边人的内心环境造成影响。其实，真正影响我们健康的是内在的情绪垃圾，与其关注外在环保，倒不如先关注内心环保。

持续净化自己的内在磁场，自己就能变得越来越清明，就能给予身边人最多的爱与成全。不带着内心的情绪垃圾到处散布，就是在成全自己，服务社会。所以，环保的第一步就是清理内心的垃圾。内心干净了，外在的环境也就和谐了。随着自己的不断成长，如果你的内在越来越和谐、清明、喜悦、富足，外在关系就能变得越来越融洽，物质也会越来越丰盛，也就更容易心想事成。

那么，如何处理自己的情绪垃圾呢？当你心情烦闷但又不能向别人倾诉时，不妨试试下面几个自我清理情绪垃圾的方法。

1. 和自己说点事

心理学家说："当你试着和自己说点什么时，心理上已经产生了一种应激反应，可以中和不良情绪。""和自己说话"不是精神紊乱或过度忧郁的表现，而是最安全的发泄内心苦闷的方法，非常值得一试。

当然，这种方法并不是我们的首创。在古代，当人们有所期盼的时候，就会去寺庙对着佛像念念有词，这其实也是在对自己倾诉，对心中那个自己说话，把声音释放出来，继而得到自我解脱。

"和自己说点事"与"事事都向别人倾诉"相比，前者不会把你的隐私公开，也会为你保留更多的私人空间。所以，如果你实在找不到倾诉对象，不妨试着和自己说说心里话。

2. 与宠物分享秘密

宠物对我们的意义绝不仅仅是爱心泛滥时的一个玩伴，特别是当你无人倾诉时，宠物绝对是一个最佳的"情绪垃圾桶"，更是一个最认真的倾听者。它们不但不会变身"军师"影响你的判断力，还会替你保守秘密。

不要把与宠物分享秘密解读为"孤单"。心理学家说："宠物对你的心理安慰效果有时比人类倾听者更强。"也许它真的会对你的情绪感同身受,并因此表现出很多肢体语言,比如,舔舔你的手,会让你得到安慰,让你感到舒心、放松。其实,面对宠物,人们往往更容易无所顾忌地倾诉自己的痛苦甚至放声大哭、大喊大叫,或不停地絮絮叨叨,而这也是最迅速的调节情绪和减轻心理压力的方式。

3. 把心中的烦恼写出来

"把烦恼写出来"是美国心理协会向全美白领推荐的减压方法。心理学家研究证实,用书写的方式把压力和烦恼记下来,持续6周,心态就会变得积极起来,抗压能力明显增强,免疫细胞的免疫力也会有所提升。

某经验丰富的心理学家说:"很多时候你的烦恼不断,就是因为你大脑中蓄积了太多不准确、不完整、缺乏理智的负面信息,脑内思维不足以缓解。把心中烦恼写下来,你就会发现烦恼已减半;将这件一直让你纠结的事全部写完,严重性已经大为降低。"当你将自己的感受写出来时,就会对整件事情的来龙去脉进行完整思考,写完烦恼后,烦恼就会被留在文字中,甚至感到没必要再"想起"这件事。如果把文字公布在网络上,还能得到一些网友的建议。通过这样一来一往的互动,你就能让自己的心灵得到放松。

4. 做自己真正喜欢的事

生活中，心中的烦恼无人倾诉时，有些人会买来啤酒，"一醉解千愁"。其实，"解千愁"的方法有很多，比如：睡觉、唱歌、购物或打球……从心理学角度讲，这些都是"替代疗法"。

"替代疗法"是一种康复过程，可以对抗压力带来的影响，帮助你恢复身心平衡。那么，如何使用这种方法来缓解自己的不良情绪呢？关键是要找到适合自身的"替代疗法"，比如，留意一下，自己什么时候压力过大，什么时候心情舒畅。如果发现自己购物时不会感到任何压力，就可以在需要倾诉时用购物替代；如果发现只要和家人在一起就能心情平静，那么烦恼时就可以多和家人相处。

不评判他人是一种放下恐惧、感受爱的方式

网上有过这样一个哲理小故事。

一头驴耕完田，被主人牵回家。走到家门口，它看到了在门

幸福关系

口蹲着的狗,便说:"老朋友,今天我干了很多活,真是太累了,如果明天能好好休息一下,就好了。"

驴走进院子后,狗来到墙角,遇到了花猫。狗说:"我刚才看到了驴,它说它太累了想歇一天,也难怪,主人给它分配的活太多、太重了。"花猫不置可否。

猫和狗分开后,走到羊身边,说:"驴嫌主人给它的活太多太重,想歇一天,明天不干活了。"

羊听到后,一转身就对鸡说:"驴不想给主人干活了,它抱怨活太多太累,也不知道其他主人对自己的驴是不是好一点。"

鸡扑扇着翅膀走开,很快就遇到了猪。它对猪说:"驴不准备干活了,它想去别人家看看。真是的,主人对驴一点也不心疼,让它干那么多又重又脏的活,还用鞭子粗暴地抽打它。"

晚饭前,主妇给猪喂食,猪向主妇报告说:"驴最近的思想有问题,听说它不想再给主人干活了,嫌活太多太累,还说要离开主人到别家去。"

晚饭时,主妇又把这件事告诉了主人。主人听后非常生气,饭都没吃,就出去拉上驴出了院子,然后将它卖给了驴肉馆。驴根本就不知道,自己说的哪句话得罪了主人。

第三章 关于情绪

其实，驴只是跟狗真实地分享了一下自己当时的感受：我今天很累，希望明天歇一下。可是，每一个自以为是的动物，都在这句真实分享的感受上加了自己的主观臆断，结果他们说出口的每一句话最终都变成了利器，给驴造成了伤害。

生活中，这样的例子比比皆是。很多人总喜欢站在道德的制高点上，随意地对他人的行为进行批判，殊不知，一个人深到骨子里的善良，就是不随意评价别人。因为有时候，即使是只言片语，都可能给别人带来毁灭性的伤害。

不随意评价他人，不造谣不传谣，不添油加醋，不无事生非，人与人之间才能多些尊重和理解。一个人最大的善良，就是对别人的友好，对别人的平常心，不带任何偏见地看待每一个人和每一件事，不随意批判他人，不随意在别人身上贴标签。

喜欢评估别人和被别人评估，都会让自己处于恐惧中。一旦心中出现了固化的评判，就需要听见强有力的内在声音对自己和他人说"我全然允许并爱着你真实的模样"，只有你下定决心只做个发现爱的人，才能专注于他人的优点，而忽视他人的缺点。

不评判他人，是另一种放下恐惧、感受爱的方式。学会不评判他人，完全接纳他们，不希望改变他们，也就学会了接纳自己。因此，不要去批判遇见的任何人，甚至连这样的念头也不要有。

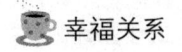

1. 冰山效应：看到的不一定是真相

如同冰山一样，露在水面上的只是它的十分之一，也就是我们所能看见的部分。实际上，冰山的十分之九，也就是大部分都隐藏在水面之下，而这却是我们看不到的。同样，对于一个人，我们也只能看到他表面的言行，这只能代表这个人的一小部分，而个人表象背后都有其内在的原因。

只有了解了冰山隐藏起来的十分之九，才能理解表面上的十分之一。失去这十分之九的了解，仅通过十分之一而做出的评判，毫无依据可言。因此，想要真正了解一个人，就要了解这个人的过往经历、价值观等一系列因素，才能理解他的表面行为，看到跟表象不一样的内容。

2. 未知全貌，不予置评

仅根据眼睛看到的东西，就轻易地对他人进行评判，是很不靠谱的行为。因此，不要贸然评价他人，因为你只知道对方的名字，却不知道他的故事；你只是听闻对方做了什么，却不知道他经历过什么。

每个人的成长环境、经历的事情以及个人的感知能力都不相同。我们认为无关紧要的事，对别人来说可能却是无法逾越的沟壑。看到表象，就做出判断，往往是错误的，太轻易地评判，对别人而言可能是一种伤害。

鬼谷子说过:"故常必以其见者,而知其隐者。"简而言之,就是要透过现象看本质。这也是现实中多数人缺乏的一种能力。意识不到自己的思维局限,就容易被表面现象所迷惑。遇到事情懒得去进行深度思考,就容易根据看到的表面现象轻易下定论。

每个人身上都有自己未解的谜,我们认识的自己都只是自己的冰山一角,更何况是别人?所以,在不了解事情的真相前,不要随意评价他人。

3. 学会闭嘴,是一种能力,更是一种修养

我们花费两年时间学会说话,却需要用一生的时间学会闭嘴。

每个人的人生经历都是自己的事情,很多事情从另一个人的嘴里说出来,不一定全是事实。评论的人很容易带着个人的主观因素去给别人随意贴标签,甚至还可能演变成搬弄是非。

一句话说出来很容易,但对别人造成的伤害却容易被自己忽视。一旦造成伤害,想要弥补却非易事。有句古话叫作"未经他人事,莫论他人非",没有经历过他人所经历的事情,就别去轻易评论他人的是非。有时候,少一点不必要的言语,也是对别人的尊重。

真正有智慧的人,都知道这个世上没有绝对正确的生活方式。

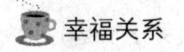

你的想法未必正确，别人的方式也不一定就是错的。懂得尊重别人，是一种修养；学会适当闭嘴，是一种修行。

消耗式的互动，会产生极大的负能量

通常，当一个团队发展到一定的规模后，就会遇到瓶颈。但阻碍它继续前行的从来都不是能力，而是成员个体生命本身的程序制约，客观上造成了在团队人际关系上的大量消耗式互动，产生了极大的负能量，让团队疲于处理各种问题，渐渐地产生了强烈的无力感。更可怕的是，当这种无力感从个体意识蔓延成集体意识时，就会严重降低团队效能。

在某公司的车间，女主管用普通话向工人交代完一批新货的加工规定后，由于突然想到是否应该使用另外一种加工方法，一时心急，就用广东话跟工人解释新的做法。

一位女工因为听不懂广东话，就随便说了句："不知道你讲什么。"女主管发现自己说了半天，对方居然过后才说没听懂，非常生气，批评了工人几句，继而引起了争执。

争吵期间,该女工居然做出了令所有在场女工惊讶的举动,她一把拉下车间用电总闸,造成全车间短暂停电,生产一度中断,给公司带来了不小的损失。

在职场上,无论是同事还是上下级之间,因意见不合产生摩擦和冲突是普遍存在的。一般情况下,一场职场摩擦发生后,往往以个人寻求解决办法或个人为此付出代价而终结。这看起来对企业没有什么影响,实际上却会造成不少内耗。

团队内部的冲突,确实让人恼火。如果是外面的问题,不管多难,压力就在这件事情上,问题很好解决。至少大家都知道目标是啥,靶子竖在哪,稍微理一理,一起使劲干,就能得到好的结果。但是,如果是内部问题,压力除了来自事情本身,也来自个人。有时候,甚至还找不到一个明确的靶子,稍微用力,就会伤人伤己,通常都很难处理。

内部的冲突会带来混乱,包括思路的混乱、目标的混乱、工作方式的混乱等,其中最要命的,是方向上的混乱。发生冲突的几方,在权重上通常势均力敌,谁也不能轻易说服对方。优劣势明显的时候,弱势一方即使有不同的声音,也会很快趋于平静。只有在能量差不多的时候,冲突才会明显。这种情况下,即使每个人的实力都很强，也很难做到正常运转，更不要奢求超常发挥了。

所谓团队疗愈，其实就是通过对个人的净化、释放和唤醒，提升整个团队的意识层级，从自我意识朝向爱的意识，从欲望聚合朝向爱的聚合。从本质上来说，这样做能降低团队的摩擦力，提高凝聚力，让内在的发展动力、魅力和生产力都得到大的提高，继而实现团队的品质与价值。团队面临瓶颈，何尝不是团队倒逼你成长的绝佳良机？唯有真正的勇者，才敢真正揭开那一层关于生命的面纱。

企业最终的愿景是"充分调动员工的积极性，发挥员工潜能，众志成城、万众一心，为企业创造最大绩效"。团队凝聚力是团队对成员的吸引力，是成员对团队的向心力，以及团队成员之间的相互吸引力。这不仅是维持团队存在的必要条件，还对团队潜能的发挥有重要的作用。团队如果失去了凝聚力，就不可能完成组织赋予的任务，那么其本身也就失去了存在的条件。

一般情况下，高团队凝聚力带来高团队绩效。团队需要有凝聚力，如果你是一个团队的领导者，就应该思考如何提高团队凝聚力，为团队发展保驾护航。团队成员之间，因为这样或那样的原因，产生一些或大或小的摩擦很常见。误会也好，故意也罢，如果处理不好,都会直接影响到团队的发展。

因此,要想办法减少团队成员之间的摩擦,具体来说有以下几个方法。

1. 信任

作为管理者,要让每个团队成员都明白,大家有着共同的目标和利益,一荣俱荣,一损俱损,彼此必须互相信任。这是防止产生误会和摩擦的首要条件,也是取得成功的一个决定性因素。

2. 理解

对待一件事情,每个人都有自己的观念和想法,产生不同的意见,发生点小摩擦都是很正常的事。有时也正因为存在分歧,产生辩论,才会使事情出现转机,取得决定性进展。产生分歧不要紧,关键是大家能够互相理解,能够为了共同的目标而努力。

3. 团结

团结就是力量,要使团队中的每个成员都真正明白这一点。只有大家团结起来,心往一处想,劲往一处使,拧成一股绳,才能克服重重困难,冲破重重阻碍,最终取得胜利。

4. 沟通

团队成员之间,可能因为年龄、性别、情感、待人接物、家庭背景等差异,对待同一个问题存在不同的观点,因此除了相互

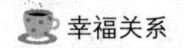

理解和信任外，沟通就显得尤为重要。所以，无论遇到什么事，都要开诚布公地说出来，相互交流，心无芥蒂，才能得到圆满解决。

5. 友好相处

团队成员之间要互相关心和爱护，不要有偏见，不戴有色眼镜看人，不要自以为了不起，不要瞧不起人，要懂得"智者千虑必有一失，愚者千虑必有一得"的道理，互帮互助才是王道。

6. 坦诚相见

作为团队成员，都要为了共同的目标而努力奋进。遇到问题时，要积极想办法应对，坦诚发表自己的看法和见解，出谋划策。如果意见相左，不要意气用事，要虚心听取大家的意见，群策群力，拿出最好的方案。既然大家都能开诚布公、坦诚相见，那么也就不会产生摩擦了。

第四章　关于伴侣

相信缘分，一切顺其自然

人海茫茫，周围的人来去匆匆，遇到真心相爱的人不容易，如果遇到了，那便是缘分，一定要珍惜。

成年人的世界里，经历过太多风风雨雨后，在感情问题上，反而更愿意相信缘分。

年轻时，我们勇敢过，喜欢一个人便努力去追求，即使结果不尽如人意，也会努力一试，最后留下来的，那便是缘分。

缘分是个神奇的东西，有时候你越是想要争取什么，越是得不到，搞不好最终还会伤害了自己；然而当你放弃时，缘分可能就在不经意间来到你的身边。

没有无缘无故的相遇，也没有平白无故的付出。有缘之人，相隔万里也能遇见，相识再短也能久伴；无缘之人，近在咫尺也会擦肩而过，相处再久也会分散。

缘来，谁也挡不住；缘走，谁也留不住。该来的会来，该走的必走，无法左右。若是有缘，不费吹灰之力，自然就能出现且长伴；若是无缘，即使付出再多，依然不能留住。

在缘分的牵引下相遇相识，成为彼此的另一半，不会轻易分散。缘分一旦尽了，彼此不成长了，就会各奔东西，再无联络。

缘分这种东西，不是你努力就能拥有，也不是你哭泣就能留下，谁也勉强不来。与你无缘的人，迟早会离开。既然无用，就别再浪费时间和感情，珍惜你身边所拥有的，你才不会伤害到真正对你好的人。

在人生旅途中，只有经历过失去，才懂珍惜，那些来了又走的人，那些已经离开的人，就不要念念不忘或怀恨在心。我们能做的就是顺其自然，缘来，热情欢迎；缘去，感恩祝福；缘深，就多聚聚；缘浅，就随他去。不强留，就是最大的诚意；不埋怨，就是最好的成全。

1. 实在抓不住的，就放手

在感情里遇到了心仪的人，觉得那就是真爱，那就是未来可以陪伴你走过后半生的人。然而，世事难料，不是所有的恋人最后都能终成眷属。家庭背景、社会地位、人际交往，还有学识、能力、性格等各个方面，不可能都契合。一方面，面对感情中的挫折，我们要勇敢，要有能够踏平艰难险阻的决心。另一方面，我们也应该明白，有些东西强求不来，如果尽力了还不能如愿，就释然放手，大家各自安好。

2. 顺其自然，不必过于揪心

有些夫妻在一起恩爱了多年，但莫名其妙地就互相开始冷淡起来。慢慢地，吵架的次数越来越多，矛盾隔阂、心理芥蒂也逐渐增加，继而变成了"最熟悉的陌生人"，甚至还不能走到最后。

有的人早已过了成婚的年纪，却迟迟没有遇到对的那个人。然而有可能在一次酒宴上，或一个简短的聊天中，与某人产生了情愫，情投意合，最后就走向婚姻的殿堂。这也是缘分。

不是不来，是时候未到，缘分这种东西，考验的就是人的耐心。尤其是在成年人的世界里，急躁不得，一旦选错，就会浪费生命，影响一生。

很多人到了中年还能遇到真爱，并幸福到白头，不是他们对感情没有信心，也不是自身能力有限，只是缘分的到来需要时间。因为能够走到最后的，必定不是寻常的。

每个人都仿佛生活在一个迷宫里，迷迷糊糊寻不到出口。有些年轻人想趁着青春年少闯出一个出口，去寻找真爱，可是在成年人的世界里，要想闯出一个出口，却需要很大的勇气，不如带着好奇心，带着欣赏的眼光，悠闲地走着，说不定就碰到了出口，遇到了那个爱你的人。

爱的四个层次

夫妻之爱，共分为四个层次。

1. 地狱之爱：双方互相控制、限制和占有

地狱之爱的爱情，两个人相处根本不是甜蜜的你情我愿，而是巴不得老死不相往来的你不仁我不义。我们根本无法想象两个人究竟是如何走到一起的。

这个层次的爱情，根本没有光明、恩爱、包容和谦让，反而觉得谁要是先踏出这一步，就是人生中最大的耻辱。所以，两个人会看对方的笑话，坐等对方可怜地跪地求饶。两人虽然是法律意义上的夫妻，但已反目成仇，从不会关心对方过得怎么样，反而更关心对方是不是又遇到什么重大事故，看到对方伤痕累累，自己就感到兴奋。

这时候，婚姻不是他们的幸福催化剂，而是将他们推向万丈深渊的魔爪。婚姻只是两个人在一起的幌子，有的只是相互摧残和算计。

一个护士要和男友结婚了，但在婚房装修和彩礼等问题上出现了分歧。女孩控制欲极强，所有的事情都必须按她的想法去做。比如，婚房装修、送彩礼、买车这些事情都要完全按她的意见进行，不然她就会对男朋友大发脾气。最后，两人不得不推迟了婚期。

女孩怀疑男友家人给他介绍了新的女朋友，对男友心生怨恨。女孩的强势在之后的交往中体现得更加淋漓尽致：她每天都会查看男朋友的手机，看他有没有和其他异性交往聊天。如果男友有一点不如她的意，她就会发火。

婚期推迟，她有些不开心，结果看到男友似乎过得挺开心，她因爱成恨，彻底失控成魔，趁男友不备，给他服用了安眠药，并注射了大量胰岛素致其死亡。

总想以爱的名义控制对方，让对方事事都顺从自己，这种畸形的爱，想想都让人觉得恐怖至极。

现在很多人对于婚姻都特别恐惧，有的人甚至觉得婚姻想要幸福实在太难，还不如单身一辈子。其实，不管是爱情还是婚姻，聪明的人总能从中找到恰当的经营方式，从而收获到一生的幸福。

第四章　关于伴侣

泰戈尔曾说过："爱不是占有，也不是被占有，爱只在爱中满足。"在爱情里，让自己的占有欲肆意生长，很可能会因为不理智，让这段感情走到尽头。

在爱情里，很多人会表现出很强的占有欲，千方百计地霸占对方的全部，将对方"囚禁"在自己的牢笼里，美其名曰"爱"。可真正的爱并非如此。

当我们产生占有欲的时候，只能增加自己的不安全感，以为只有增加两人的接触时间，才能让对方的心一直留在自己身上。其实，以爱为名的占有不过是为自己谋利益，太窒息的爱只会让人逃避，让人抗拒。

有人说过这样一句话："一个人最大的成功，是让自己爱的人过得幸福。"爱到极致时并不是占有，而是成全。即使对方想要的幸福并不在自己身上，也要主动退让一步，让对方获得幸福。

适度的占有欲可以理解为吃醋，是爱的表现，但过度的占有欲就不是爱了，只是一种自我满足的手段。当一个人只想占有对方的时候，他就会深陷爱情的泥潭里逐渐失去自我，陷入深深的痛苦中。被占有的人只会越来越抵抗，想占有的人也只会越来越求而不得。

2. 魔鬼之爱：一方过度依赖另一方，形成无形的压力

在感情中，有些女性为了表现出自己小女人的一面，总会扮作小鸟依人的样子，做任何事情都依赖男人，认为只要男人能把事情解决好就丝毫不用自己操心。

这样的女性大多属于享福的类型，不愿意操心任何事情，认为只要有人为自己办好即可。跟这样的伴侣在一起，时间长了，男人就会过得比较辛苦。同理，男性心理不成熟，过度依赖女性，也会造成比女性过度依赖男性更大的悲剧。

感情里一方付出，另外一方就会显得非常幸福。但在婚姻生活中，如果一方过分依赖另一方，一方面会让婚姻背上沉重的负担，彼此关系变得脆弱；另一方面也会让他们的社交圈子越来越窄，不利于减压和舒缓情绪。

在电视剧《我的前半生》中，罗子君是标准的全职太太，她不上班，只负责打理家里的一切，生活开支全靠陈俊生。她很爱陈俊生，陈俊生却想离婚，想要逃离这个家。

罗子君是现实中很多女人的真实写照，她虽然一心照顾家庭，但并不理解陈俊生，致使自己和男人的距离越来越远。

第四章 关于伴侣

结婚之后，女人在家做全职太太往往是男人先提出来的。男人觉得自己是家里的顶梁柱，自己一个人挣钱足够养活家人，女人只要在家里照顾好孩子和老人就行。女人欣然同意，然后辞去了工作，脱离了社会，丢掉了独立生活的能力。当恋爱时的温情不再，时间就成了消磨情感的剔骨刀。这时，男人赫然发现，家里的女人不再重要、没有价值，可有可无，他需要一个跟他一起进步的女人，需要一个能够跟他一起分担家庭压力的女人，而不是全职太太。因此，婚姻生活中，一定不要丧失独立生活的能力，自己的钱自己赚，花起来才能随心所欲，才不用看人脸色或被人说三道四。

在感情里，不管是男性还是女性，都不要把对方当作自己的全部，没有谁离开谁就活不了。过分地把男人当作自己的精神支柱，等到男人离开的时候，你就会觉得犹如天塌地陷。尤其是重感情的女人，更不要把对方想得太过美好，以免分开后一蹶不振，甚至做出伤害自己的事。

与其依赖对方，倒不如自己学会独立。

伴侣是最好的疗愈师，能让你窥探到真实的自己。扭曲的婚姻，只能给彼此带来无尽的灾难。

第一个结果，过于依赖对方时，一旦遭遇分手，受伤最重。

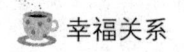

两情相悦，却无法长相厮守，想爱不能爱的感觉，比凌迟还要痛苦。眼睁睁看着爱情离你而去，你却无力挽留，痛不欲生，没经历过分手的人不会懂得。得到爱情时，自己如获至宝，一刻都不想离开恋人的身边，心里的柔情也会化作纠缠不清的藤蔓，想把爱人的心紧紧裹住，容不得一刹那的离别。可是，一旦分手，长久的依赖就会变成无边无际的伤痛，让你心似刀割。没有做好失去的准备，经受不住打击，多年走不出感情的阴霾，往往受伤最深。

第二个结果，过于依赖对方时，容易被蒙蔽双眼，失去判断是非的能力。

从来不相信一见钟情的人，一旦拥有了爱情，就会深陷其中，无法自拔。心有了归宿，爱有了栖息的地方，不再空虚的灵魂就会被套上另外一道枷锁。爱情里，过分依赖对方，会让自己失去自由，沦为爱情的奴隶。过度痴迷恋人，你的心随时都是绷紧的，患得患失，就会失去判断是非的能力，固执地认为恋人是完美无瑕的，甘愿忍受对方的种种恶习而不自知。这样的爱情一旦失去，就会遭受致命的打击，变得一蹶不振，不想再次选择，再无欢愉。

3. 人间之爱：爱对方及对方的家人，领妻入道，助夫成德

在人间之爱这个爱情层次，你能想象的积极词汇都可以拿来形容，比如：一见钟情、心心相印、恩恩爱爱、甜甜蜜蜜、贤妻良母、相夫教子、宽容谦让等。这时候，人间所有的美好你都能看得见。无论你们俩是克服无数困难最终牵手成功，还是一场美丽的邂逅让你们意外地走到一起，两人都会感恩命运的眷顾。

男人和女人结婚后，过日子的不再是两个人，而是两个家庭。如果其中一方嘴上说爱妻子或丈夫，对对方的家人却百般挑剔、看不起，就是对他的不尊重。同时，怀着不满的情绪，两人怎么可能心平气和地过日子？所以，要想维系感情，看到对方家人的不足，可以当面指出来，但绝不能轻视或不尊重。

无论男方或女方，都不能看到一方势弱，就仗着自家人多去欺负另一家，尤其是对于远嫁的女人，更应给予足够的关爱和尊重，不仅要尊重她，更要尊重她的家人。

孩子高考结束后，一对中年夫妻办理了离婚手续。据说，他们并没有出现外遇之类的事情，这段婚姻的死亡主要在于对待双方父母的态度。

男人出生于农村，父母是老实本分的农民，靠种地为生，男人很争气，从小学一路过关斩将，考取了省城的大学。女人则是地地道道的城市人，家境殷实，只不过她学历不高，初中毕业就跟着父母做生意。女人很羡慕文化人，相中了男人的高学历，于是倒追男人，结果一举成功。

婚后，女人对男人关心备至，但看不惯他的家人，巴不得跟他们断了来往，逢年过节都不跟随男人回家。农村收了新鲜果蔬，公公婆婆舟车劳顿地送来，她也是冷着一张脸，摔摔打打地没好气；她嫌弃老人不卫生，不准他们坐家里的沙发；孩子出生后，她也不让老人接近孩子，如果老人伸手想抱抱孩子，她就会找借口推托。老人不傻，知道儿媳嫌弃他们，来的次数就少了。

男人不满意女人的做法，多次跟她理论，可是吵闹过后，女人依然毫无收敛。男人寒了心，对岳父母的态度也逐渐降温，后来干脆也不上门，逢年过节各回各家，各找各妈。真正让男人对女人失望的是一次老人生病。父亲患了重病，投奔他而来。女人不仅不关心老人的病情，还为男人请假陪父亲看病而甩脸子。老人住院半个月，女人连面都没露一次。

男人开始还跟女人争吵两句，最后只剩冷战，只不过碍于孩子的牵绊凑合了几年。孩子渐渐长大，感受到了父母之间的冰冷，劝他们早离早解脱，于是，孩子高考一结束，他们就去领了离婚证。

人们都说"爱情靠吸引，婚姻靠经营"，这种经营自然也包括经营双方家人的关系。己所不欲勿施于人，凡事都要学会换位思考。你付出多少就会得到多少，你善待对方的父母，对方自然会感恩，也会真心对待你的父母。反之亦然。

真爱就是爱屋及乌。爱一个人，就要爱他的全部，包括他的家人。只对对方好，而轻视他的家人，定然会影响彼此的感情，甚至会因此而失去对方，失去婚姻。

婚姻里，接纳和尊重对方的亲人，是经营婚姻的大智慧。彼此的真诚、信任和爱，才会使感情更醇厚，让婚姻更牢固。彼此相爱而又爱着对方的家人，才是幸福婚姻的相处模式。

4. 天使之爱：全然接受对方，爱对方所爱的一切

如果人间之爱的爱情让你觉得羡慕，那么天使之爱的爱情一定会让你觉得这只会出现在电视屏幕上，或出现在自己的美梦中。

天使之爱最明显的特征就是无条件地、心甘情愿地做出自我牺牲，愿意一如既往地付出和奉献，不图任何回报，没有任何不良动机和企图，只想把最纯洁的内心、最博大的爱展现和交付给对方。

生活中，很多女人都觉得，男人爱女人的表现，是为了对方做出改变，比如：改变自己原有的生活方式，改变自己的喜好。

很多女人总是妄想把男人打造成自己喜欢的样子,有些女人甚至会因调教好男人而获得成就感。她们将男人管理得服服帖帖,从穿衣服的品位和风格,到人生观、世界观和价值观都要纠正。

同样,生活中,也有很多男人认为女人爱他的表现,就是无条件和他结婚,婚后为他们这个家任劳任怨,不仅要生孩子,还要照顾一家老少,更要上班。更有甚者,结婚后孝心泛滥,说:我父母养大我不容易,你就不能宽容点儿?你要和我一起孝顺我的父母。对另一半受的委屈他们却视而不见。他们根本就不会去想,父母养大的是他,不是他的爱人;他为女方父母做了什么?他把女方的父母当成自己的父母了吗?婚姻,需要尊重她和爱护她,而不是理所当然地索取,或拿封建社会那一套男权主义去压制女方,让她受尽委屈和不公平待遇,还让她拿出百分之百的真心去对待你和你的家人。

人心都是肉长的,爱和付出也是相互的,最好的婚姻不是一方无条件付出去迎合适应另一方,而是共同重新组建一个家庭,共同努力,创建美好生活。

如果一个人愿意为你改变,可能有以下两种情况。

第一种,为你改变的人,是没有原则和没有自我的人。

日常生活中,遇到事情的时候,对方想发表观点,但由于你比较强势,他只能放弃自己的观点,迎合你的观点,哄你开心。这样的人表面上看起来能让你开心,但长久来看,可能就是没原则或没有主见。所以,不管在任何时候,都不要觉得爱人为你改变是因为爱你。信誓旦旦地承诺自己可以为他人改变,其实有可能是在利用这个不高明的借口,骗取对方的信任。

第二种,为你改变的人,可能在压抑自己的心理迎合你。

无条件地为你改变,必然会将自己的想法憋在心里。恋爱心理学表明:一个人压力太大,时间长了,积聚到一定程度就会爆发。表面上一团和气,其实他们是将自己的想法和主张憋在心里,处于一种压抑的状态。这种人通常都将自己的见解保留着,私下可能会有自己的小算盘,一旦想要和你分手,跟你吵架的时候,就会一股脑地将之前对于你的不满和盘托出。那时候,你们的感情估计也就到了尽头。

恋爱中,思想是最不受控制的,最好的爱情是接受对方,而不是改变对方。所以,爱一个人,试着接受真实的他,不要总是要求他为你而改变;喜欢一个人,就要喜欢他本来的样子。

爱情并不是让对方改变成你想要的样子,而是在你们生活方式发生冲突的时候尽量协调,包容并接纳对方。如果想让对方发生改变,试着采取温柔的方式,依靠爱情的魅力来慢慢引导。遇

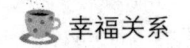

到矛盾分歧的时候，要有商量的余地，这也是爱情的润滑剂。

伴侣是最好的疗愈师与"照妖镜"

在我们的生命中，亲密关系是一种非常重要的关系，是我们与父母关系的投射。我们在父母身边感受不到爱与接纳，就会去亲密关系中寻找，从这个角度来说，两个人的爱情也是我们以爱的名义进行的情感交易：我爱你，是因为我想要你爱我。

在爱人身上投射很多希望和幻想，自己无法达成的或感觉自己没有被满足的，就会转而投射到爱人身上，希望他们来满足自己。而对方往往跟你一样，也想从你身上找到自己缺失的东西。如此，两个人就会变成情感的乞讨者，伸手向对方索爱。

在这种关系里，双方很容易累积失望与抱怨，当各自的伪装慢慢卸下，陌生感就会很快显现。只有看清楚自己在亲密关系中的心理游戏，并真正对自己的内在进行探索，两人的关系才能朝着美好的方向发展，亲密关系才能变成个人成长的助力。

真正的爱情是全然的接纳。接纳对方成为他自己，你自在地做自己，既彼此联系，又各自独立，这种关系才会变成一种美好

第四章 关于伴侣

的祝福,将婚姻变成一场静心之旅。

我们与世界一体相连,并没有独立存在的外在世界。外在是内心的投射,我们是创造自己命运的主人。每种关系的背后,都藏着一份礼物,勇敢地去面对,就会越来越接近自己的内心,而那些走近你的人,也会越来越被你打动。当你敞开心扉连接世界时,就会感受到无限美妙的生命体验——不是仅局限在事物与头脑层面,而是生命中的一种深层次、具有智慧的关系。

伴侣,是你最好的疗愈师与"照妖镜"。他会让你看见真正的问题,跨越这些问题,获得真正的幸福。

跟受创伤较多的人在一起,往往都比较艰难。遗憾的是,很多人都会与跟自己受创伤程度大体相当的人发生恋情,结果恋爱和婚姻就艰难得多;而受创伤相对少的人,容易跟受创伤相对少的人产生爱情,恋爱关系也会相对比较顺利。

现实中的爱情并不像我们渴望的那么完美,每一段恋情和婚姻,开始都是美好的;当我们走近对方后,美梦就会渐渐像泡沫一样破灭,留给我们的只有伤心、痛苦或后悔,觉得那个让自己奋不顾身以性命相托的人转眼间就变成了十恶不赦的坏人。

感情的挫折可以毁掉一个人关于人生的美好梦想,我们常常会把挫折归罪于对方,责备他们的变化或背叛造成了我们的痛苦,让我们失去了对爱情的美好幻想；有些人则会另起炉灶、换汤不换药地寻找新的伴侣；更有甚者则会变得消极、怀疑，过度防范和自卫，将爱情当作引起自己痛苦的根源，花费大量的精力跟另一半周旋。

每个人的内心都有一个"内在小孩"，其健康程度决定着我们的生活、性格与模式。不疗愈"内在小孩"，他就会成为我们肉体、精神的掌控者：不愿意看见真相，不愿意承担责任。

为什么原本好好的一个人，跟爱人一起生活时间长了，关系深了，却会出现很多不可理喻的行为？主要就在于，当我们深入地进入亲密关系时，在普通人际中无法暴露出来的"内在小孩"的各种创伤，会慢慢暴露，结果亲密关系越来越深，问题也就越来越多。这也是很多人都觉得"伴侣在外面很正常，只要一回到家就容易发脾气、负能量爆棚"的原因。只有我们的创伤在亲密关系中被逐渐修复了，才能更好地经营亲密关系，否则很可能会出现二次创伤。

现实中，很多人都没有处理创伤与自我觉察的能力，而且两个人"内在小孩"的创伤各不相同，不具备处理各种创伤的专业技术。那么，如何来处理这种创伤呢？爱的能力可以疗愈所有的创伤。当亲密关系在爱中得到滋养时，很多创伤就会慢慢得到修复。但前提是，个人要先认知到自己的创伤和模式，并实现抽离，摆脱"内在小孩"的操纵。

其实，所有美好关系的破裂和背叛，都不是我们看到的表面原因导致的，深层原因都是我们自身，而关系破裂应该促使我们变得更加成熟。忽视了这些深层原因，忙个不停地追究表面原因，并不能解决内在的问题，只能重复类似的经历。

伴侣相处的六个阶段

一段感情，从相知到相许，需要经过一段丰富而坎坷的历程。任何情侣都不可能一直都处于热恋期，要想修成正果，都要经历几个不同的阶段。

第一阶段，激情期

在这个阶段，大家都觉得彼此很完美，充满热情、亲密和兴奋感，一切都是梦想中的样子。

一段感情开始的前三个月，大多处于激情期，也就是我们所说的热恋期。这时候的两个人，看对方哪哪都好，全身上下都是优点，也特别愿意花时间和对方相处，不管做什么，都会把对方放在第一位。同时，这时候的两个人也都具有包容心，不管对方做了什么，基本都能原谅，甚至还喜欢无限放大对方身上的优点，选择性地忽略对方身上的缺点。在这期间，大部分情侣是不会分手的，也会给对方做出很多承诺。但也就是因为这个阶段太过美好，所以常常会在之后的阶段里觉得不适应。所以，激情期的时候，大家最好稍微理智些，尤其不能在这个阶段闪婚，最好慢慢来，彼此了解清楚一些。

第二阶段，冷淡期

在这个阶段，彼此仍然觉得很美好，只是有些东西消失了，比如，激情变质或兴奋感消失。不过，这段关系还可以持续下去。

《阴天》里有这样一句歌词："开始总是分分钟都妙不可言，谁都以为热情它永不会减，除了激情退去后的那一点点倦。"这句歌词，唱出了多数女生和男生的状态。男生的感情来得快去得也快，但女生的感情是来得慢走得也慢。男女之间无法同步，自然就容易出现矛盾。

这个阶段，男人觉得女人作，为什么那么没有安全感，为什么要天天联系；而女人却觉得男人变了，明明前段时间热情似火，现在却突然没了踪影。两个人互相不理解，互相猜疑，互相伤害，比较难熬。

这个时期，最考验两个人的感情，需要的是理解、磨合、包容和沟通。

第三阶段，吵架高峰期

到了这个阶段，两个人已经失去了爱的内在联结，之所以还住在一起或还有联系，很可能是因为分手会给自己的经济、生活甚至情绪带来很大的不便。两个人依然住在同一个屋檐下，没有任何互动，伴侣变成了相敬如"冰"的室友。

冷淡期和吵架高峰期密不可分，很多情侣都是一边冷淡一边争吵。有些恋情延续半年左右的时候，往往吵架最厉害，只要有一句话说不对，就会引发争吵；想见面却又害怕见面，内心多了纠结和挣扎。走过那段时间后，回头再想想为什么吵架，根本就不记得原因了，可每对情侣都躲不过这个阶段，因为大家都需要在争吵中解决问题，需要在矛盾冲突中磨合。

其实，任何一对情侣都不是天生契合的，因为大家都不完美，只有在一起生活，才能让日子变得越来越好。所以，不要怕争吵和矛盾，但也不能为了吵架而吵架。要想走过这个阶段，就要将争吵当作解决问题的方式，这样才能让感情不断升华或稳定。

第四阶段，分手高峰期

经过吵架高峰期，情侣往往会走向两个极端，一个是关系越来越好，一个是分手。

吵架、有矛盾都不可怕，可怕的是，很多人根本不知道自己在吵什么。很多女生只要遇到问题就生气，却不告诉男友自己在气什么；男生觉得女友不理解自己，又不把自己的心里话说出来。

这两种人一般都无法打造好的恋爱关系，因为他们从一开始就没想过要和对方走下去。而幸福的情侣，往往都会将自己的想法告诉对方，并真诚地进行沟通，以更好地解决问题。

第五阶段，稳定期

我相信，能够熬过分手高峰期的两个人，一定会进入感情的新阶段。这时候的两个人，会慢慢了解对方的好与坏，能够接受对方的一切。该有的安全感有了，该有的信任有了，该磨合的也已经磨合了，该解决的问题也解决了，就可以牵着手开心地往前走了。

当然，并不是说这个阶段没有矛盾，不会吵架，只是说这个阶段，两个人都更能包容，更不容易跟对方"一般见识"，相处起来更舒服，不会患得患失，不会诚惶诚恐，依然保持着爱情的悸动。

第六阶段，已经离不开对方

能走到离不开对方这个阶段的人，往往都能携手向前，走入婚姻的殿堂，告诉对方：不管生老病死、疾病灾难，我都愿意和你相携相依、不离不弃。

这个阶段两个人依然会争吵，会生气，依然会有看不惯对方的时候，但嫌弃中还带着一丝丝甜蜜。身边那些甜蜜的老夫老妻，基本都是处在这个状态，吵吵闹闹一辈子，甜蜜幸福，让人羡慕。

想想看，你的婚姻正处于哪一个阶段？伴侣认为他在第几个阶段？如何自我成长，才能提升这段关系？在一段有营养的婚姻中，最坚韧的纽带不是爱情，而是兼容和谐的精神世界。

最好的相爱是彼此友爱、彼此尊重、彼此成就，能够让爱与婚姻锦上添花的向来都是真正的独立、从容，能够使伴侣成长的婚姻更需要共同学习和修炼。

礼貌用语，务必烂熟于心

网络上出现过一个帖子：一个小伙子娶了一个乌克兰姑娘，生活十分幸福。他说，其实夫妻相处，很多时候需要礼貌相待，比如，妻子为他做了一顿丰盛的晚餐，他会亲吻妻子并说声"谢谢"；他生病了，妻子则会祝福他早日康复。

这些话在我们国家的夫妻关系里比较少说，因为中国人比较含蓄，很多感情都不会直白地表达出来。也因为如此，久而久之，夫妻生活就变得枯燥乏味起来，最后量变达到质变，即使是一些生活小事，也会互相争执，导致婚姻破裂。

婚姻不只是两个相爱的人走到一起，更是两个人共同交织出的责任。生养小孩、赡养老人……各种杂事都会让夫妻生活变得越来越剑拔弩张。再加上我们不像外国人那么直白，不擅长说情话，问题就更加严重。其实，很多话虽然说出来感觉很肉麻，听起来却温暖人心，无形中会增进夫妻的感情，比如，"老婆，你的菜做得真好吃""老公，你太厉害了""生病好可怜，祝你早日康复"……我们有很多表达爱的机会，却懒于说出口或因为害羞不好意思说出口。

下班回家后表扬一下妻子，说一声"老婆，辛苦了"。

饭后给丈夫泡上一杯茶，说一句"亲爱的，我爱你"。

当妻子递过来茶水时，你需要说一声"谢谢"。

礼貌是夫妻感情的调和剂，能够驱散彼此因家庭琐事而积累起来的怨念，并让彼此感到温暖。

很多人在外面对人礼貌客气，回到家却对自己最亲的人冷言冷语。或许你认为在家人面前不需要伪装，可你的言语却容易伤害到你最爱的人。所以，试着对自己的家人礼貌一些，争吵会少很多，感情也会升温不少。

少年夫妻老来伴，配偶是在我们生命中陪伴自己时间最长的人，也是遇到难题时可以信赖依靠的对象。但是，现实情况是，关系越亲密，越容易没礼貌。很多人说这是因为感情好才不顾及，这样的说法是自私的，因为你没有顾及在这种行为下，对方是什么感受。

夫妻之间不管多么恩爱，也需要礼貌。下面这些常用语，一定要烂熟于心。

（1）能控制住对方发火的语言：对不起。

（2）筑起谦虚人格塔的语言：谢谢。

（3）让对方耸起肩膀的语言：做得好。

（4）能召唤和解与和平的语言：我错了。

（5）能提高存在感的语言：你最棒。

（6）能让对方心情愉快的语言：你今天真帅/真漂亮。

（7）能带来更好结果的语言：你的想法如何？

（8）温馨安慰的语言：有没有要帮忙的？

（9）让对方的自信心爆棚的语言：你是怎么想出来的？

（10）让热情泉涌的语言：年龄只不过是数字而已。

（11）能带来200%的能力的语言：我相信你。

（12）使人逐渐鼓起勇气的语言：你可以的。

（13）比护身符更管用的语言：为你祈祷。

（14）比忠告更有效果的语言：每次不会一帆风顺。

（15）不用钱买，却能引起好感的语言：跟你在一起的感觉真好。

（16）能让对方充满成就感的语言：真为你骄傲。

（17）为重新开始鼓起勇气的语言：没关系，一切都会好起来的。

（18）让亲爱的人有奔头儿的语言：你是我的唯一。

（19）让对方感到与众不同的语言：你果然不一样。

（20）能安慰对方疲倦心情的语言：这些天你辛苦了。

同频相吸——吸引力法则

我们常说"物以类聚，人以群分"，在这里同样适用：万物确实是同频相吸。你处于什么样的频率状态，就会吸引相同频率状态的人、事、物来到你的身边。也就是说，很多事情的发生并不是偶然的，它是在你的频率状态吸引下发生的。

在两性关系中，即使感情再亲密，也要建立在一定的价值基础上。要想让伴侣爱你，就要审视自己有什么可以让对方产生爱慕之情的地方，如果没有，一切也就成了天方夜谭。所以，要想在两性关系中获得巩固的地位，提升自己的价值，首先就要提升自己的异性吸引力。

在感情里，你有什么特质，就会吸引因你这个特质而来的人；你心中有什么样的想法，潜意识里就会引导你融入什么样的环境。两个人之所以能因彼此身上的特点而互相吸引，最后产生感情交流，主要原因就是本身的特点和魅力。

人们之所以能够找到属于自己的那个唯一，就在于每个人关注的特点都不同，有的人会因为外表而被吸引，有的人会因为性格而被吸引。但事实上，人们更多地会因为相似的性格和相同的三观而走到一起。其实，你会遇到谁，跟谁相爱，决定权都掌握在自己的手里。

1. 靠近什么样的人，你就会变成什么样的人

吸引力法则，有时候也是"环境影响"。给大家讲个故事。

有一个男生，每天念叨着自己的择偶标准："我想找一个文静

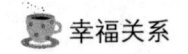

的、文艺的、有才气的女朋友。感觉跟这样的女生在一起,肯定不会这么焦虑。"按照常理,他想要找这种类型的女友,应该去图书馆和书店,去一些与之符合的地方制造偶遇的机会。结果,他夜夜笙歌,除了酒吧,就是歌厅。在这种环境里,他遇到理想伴侣的概率几乎为零。

在社交关系里,环境对人的影响很大。每天跟狭隘的、偏激的、充满负能量的人在一起,你会发现,用不了多久,你也会变成这样的人。反之,每天跟积极、努力、勇敢而坚定的人生活在一起,你也会变成一个优秀的人。

爱情的吸引力之一,就是"相似性"。越是相似的两个人,擦出爱情火花的概率越高。你是什么样的人不重要,重要的是你跟什么样的人在一起。靠近有趣的人,你也会变得幽默;靠近睿智的人,你也会变得博学;靠近理智且勇敢的人,你也会充满勇气。所以,想要遇到什么样的人,想要跟什么样的人相爱,就要试着去融入某个圈子,你才能在不知不觉中变成那样的人。

2. 你相信什么,潜意识里就会吸引到什么

我们常说:"想要遇到什么样的人,首先要成为什么样的人;想变成什么样的人,就要跟这类人相处。"这句话一方面表达了环

境对个人性格和行为习惯的影响;另一方面也表达了人们更喜欢跟相似的人在一起。在日复一日相处的过程中,你会影响对方,对方同样也会影响到你。

吸引力法则的本质,其实就是我们潜意识中的暗示。在爱人关系中,心理暗示起着重要作用。比如,你跟某个异性相处,对他产生了好感,这时候你心里要暗示自己:"我们一定可以在一起。"只要你想,你的潜意识就会引导你的行为。不要害怕出错,一个自信、阳光且乐观的人,在感情里往往有更多的优势。

吸引力法则的神奇之处就在于:这是一种藏在你潜意识里的信念,这种信念还会转变成自信,督促你,激励你。然后,在这种信念下,你的行动也会变得越来越积极。

懂得,是生命中最美的缘

在这个世界上,爱是最温柔、美好的东西。所谓修行,其实就是走一条通往自己内心最深处的路。而在这条路的尽头,完全可以找到一种智慧,了解到生命的真谛。

恋爱的时候,我们之所以会"众里寻他千百度",不过是为了找到那个懂自己的灵魂伴侣。我们之所以不屈服于所谓该结婚的年纪，不接受长辈的催婚，都不过是为了找到那个真正与我们灵魂契合的人，为了在偌大的世界里找到自己灵魂休憩的港湾。这样的人，说不上比别人好在哪，但"他懂你"。

但是，即使是这样的两个人走进了婚姻的殿堂，也容易因为生活中鸡毛蒜皮的小事发生争吵，到了那时，曾经的"灵魂契合"好像不存在一样，难道"懂"也会变吗？其实，不是。只不过是恋爱时的"懂"是一种要求，是渴望被爱；而婚姻里的"懂"是一种体谅，是懂得对方的不容易，懂得设身处地地为伴侣着想。

当一个人心存爱意地从对方的角度想问题的时候，确实能避免很多矛盾。比如，让人羡慕的模范夫妻钱钟书先生和杨绛女士，他们婚姻幸福的最大原因就是懂得对方的不容易。

杨绛女士在《我们仨》中讲过这样一段经历。

她和钱钟书先生曾在回国的船上，因为一个法语发音而发生了争吵，最后竟然在言语中尽力伤害对方，无论争吵的结果如何，都伤了感情。于是，双方约定以后遇事一起商量，求同存异，不再争吵。

但这样的约定并不能规避所有的家庭矛盾，生活的坎儿，从

第四章 关于伴侣

来都是一个接着一个。回国后,钱钟书先生在清华任教,工作尚未满一年,他父亲就来信让他改去蓝田工作,当英文系主任,同时可以侍奉父亲。

杨绛女士和钱钟书先生都认为清华的工作不易得,工作又不满一年,不该放弃这份工作。但钱钟书先生考虑到父亲的期盼和作为儿子的责任,决定辞别清华,去往蓝田。

杨绛女士本来觉得对于这件事应该和公公好好讲一番道理,但在去往公公家的路上,她和钱先生一致地沉默。在这种沉默中,她感受到了钱先生作为儿子和丈夫的压力以及矛盾,看到钱先生难堪的神色,她突然没有了讲道理的心情,只剩同情钱先生了。

因为她知道,在家里钱先生虽然是大儿子,但公公对这位大儿子最多的是"耳提面命"的教导,很少有推心置腹的亲近。而作为家中长子,实在无法推脱侍奉父母的责任。杨绛女士懂得钱先生的左右为难,也知道钱先生答应去蓝田并非自愿,已然是心中不快,自己再起争执,只会让钱先生的处境更加艰难。

杨绛女士懂钱先生的不容易,愿意站在他的立场和角度为他考虑,而不去为难他。这样的懂得,不是打着"为你好"的旗帜,去替别人做主,这是真正的尊重和理解。

在婚姻当中,作为伴侣,真正的懂得,不是把自己认为好的东西强加给对方,而是站在对方的角度看问题,这样才会明白:很多事情,谁都没有错,生活的苦要一起承担,而不是一味地互相指责;男方也要看到女方的付出,懂得女方的不易和做出的牺牲,不能一味地只让女方让步,让女方委曲求全去成全自己或家人。比如,女方受了委屈,男方不体谅和安慰,反而要求女方像机器人一样顾全他的颜面和所谓的大局,不承担起调和家庭关系的责任,这就是男人不负责任、没担当的表现。

人与人之间,所有的关系都要经过磨合与接纳,特别是爱情,更要经历一段漫长的考验。为爱,努力克制自己的坏情绪;为爱,改变自己的坏习惯。从彼此欣赏到相互适应、相互依赖,爱才能有极致的美感。

幸福婚姻中的两个人,不一定从一开始在一起就觉得合适,但一定是愿意为彼此做出改变,并愿意成为那个适合对方的人。

选择和一个人共度余生,彼此都付出了有限的精力和珍贵的爱。而在这场缘分中,在爱的庇护下,想要做真实的自己,生命必须充满智慧和温柔。等到二人白头偕老时,对于最初的选择,才不会感到后悔,也才实现了人生的圆满。

爱,是一种懂得。懂你的笑容,懂你的眼泪,懂你的欲言又止，懂你所有不动声色的悲喜。懂得，才能心疼和体谅，才会尊重对方的思想和意愿。一辈子，能遇到一个真正懂自己的爱人，是一种莫大的幸运。同行的路上，风雨兼程，必然有所承受，才能让爱走向成熟。

爱，是一种坚持。最好的爱情，是彼此在爱里不断丰盈，不断成长。生活在一起的两个人，如果想让爱情长期保鲜，就要相互包容与理解，彼此呵护和给予。温柔且善解人意的女人，宽容大度的男人，才是爱情里走得最长久的人。

两情相悦的爱情之路，看似平坦顺畅，其实也有艰辛和磨难。唯有真心真意，在爱中修行，方能经得起命运的考验，携手相伴到老。

两个人来自两个家庭，是独立的个体，能够走到一起非常不容易，那在婚姻中如何相处才能更懂对方？

1. 接受差异

世界上没有完全相同的事物，我们必须接受差异。婚姻中的两个人，在不同的家庭背景中长大，形成了各自对事物、他人、世界的看法和观点，形成了独特的习惯和生活方式。两个人在一起生活，就要看到差异，接受并尊重彼此的不同，寻找两个人都能接受的平衡点。

2. 换位思考

懂得换位思考，能够站在对方的立场看问题，理解他为什么要这样做，婚姻才能幸福。

婚姻是否和谐与你是否具有站在对方立场看问题的能力紧密相关。冲突发生或有什么事情看不惯时，都要延迟反应，首先站在对方的角度想一想，把"我是对的，他也是对的"作为一个原则，沟通也就有了可能，问题也就能得到解决。

3. 学会表达

不满意、生气时，切记不可"恶语伤人"，要表达自己的想法，让对方知道自己的感受。

表达出来，自己不再压抑，也就给了对方一个解释、反思的机会。压抑的不满，累积到一定程度，总会以强烈的方式爆发出来，伤及自己和他人，甚至对夫妻关系造成毁灭性的破坏。

第五章　心灵治愈

信念是潜移默化的心灵力量

信念是潜移默化的心灵力量,既可以成就自己,也可以限制自己。它每时每刻都在人生中发挥着作用,发现并解除限制性的信念是踏上自由之路的第一步。

1. 什么是限制性信念

在个人的信念系统中,有很多信念是由某一特定经验产生的,这个信念也许适用于曾经某个情境,但并不适用于另一个情境。因此,如果个人信念没有随着情况改变,就会给他的生活带来很多困扰。

这样的信念,我们称之为"限制性信念"。

在生活中,一共有三种较为普遍的限制性信念,即无助、无望和无价值。

限制性信念之一:无助

所谓无助,就是别人做得到,我却做不到。具有这种限制性信念的人,经常会产生莫名的无力感,对很多事情都没有兴趣,

第五章 心灵治愈

没有目标，不清楚自己要什么，想得多，做得少。他们喜欢把原因归咎于外在的环境、他人与事物，有一种受害者心理。当个人有能力却不被许可用自己的能力解决一些问题时，就会产生无助感。

这些人之所以会有无助病毒，通常是因为在他们小时候父母过度包办了本应由他们完成的多数事情，或强行要求他们一定要按照父母的想法做事，不允许他们挑战父母的权威，剥夺了他们锻炼的机会；或者父母喜欢拿他们的弱项与其他孩子的强项作比较，让他们总觉得自己不如人。久而久之，他们就觉得，自己没办法解决问题，但是我父母可以或别人可以。于是，无论遇到什么问题，他们都不会再尝试自己解决。

限制性信念之二：无望

无望就是绝望，不对任何可能性的情况再抱有希望。有这种信念的人，脑子只会做出一个判断，即任何尝试都是没有可能的。即使面对可能性，他们也不会再去努力，纵然是最简单的事情。

对事情无望的人，觉得自己做不到，别人也做不到，没人可以做得到。他们不会寻求帮助，因为他们认为：既然没人做得到，为什么还要寻求帮助？

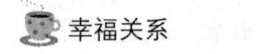

限制性信念之三：无价值

有无价值感的人喜欢逃避，面对自己喜欢的东西，不敢追求，害怕自己没有资格，配不上这些东西。当然，这一切都是在潜意识中发生的，自己很难觉察到。

"没用""无价值""我没有价值"等信念比"我不会成功"这个信念影响更大，会影响个人成年后与其他人的关系，他可能会害怕与别人建立任何情谊，因为他觉得自己会成为别人的负担；他也很难与别人合作，因为一旦合作失败，他就会自责，认为是自己的无能造成的。

这三种限制性信念可能同时存在于一个人的思想中，它们相互作用，影响着个人的所有行为，最终的结果就是，让这个人待在原地难以进步，一生庸庸碌碌，只能羡慕别人的成功，哀叹自己的不幸。

2. 限制性信念的来源

限制性信念是如何形成的？主要来源有五个。

（1）经验。限制性信念基本上都是通过经验形成的。只要做一件事情，就会产生一系列后果，通过这种"行动—结果"模式，人们可以得出一个结论：我采取什么行为就会得到什么结果。但是，人们往往会忽略一个事实：事物并非一成不变，我们往往没有掌握事实的全部。根据自己过去的经验形成一个信念，这个信念会左右人们的行为。有时，这种经验还并非直接来自自己，很可能来自别人。

（2）教育。我们所接受的教育来自两个方面：一方面是父母，另一方面是学校。多数父母都希望自己的孩子人生顺利，会把自己的人生信念及经验传递给孩子。在很多家长的信念中，好成绩就意味着好的人生，成绩好的孩子就能进好大学，进了好大学才更容易找到稳定的好工作，以后的人生也就有了最坚实的保障。

（3）错误的逻辑。做决定时，人们一般都是先去评估这个决定的投入与产出，预计自己需要投入的时间、精力和金钱，以及可能得到什么样的回报。其实，很多人关于投入与产出的估计是错误的，他们没有仔细研究过自己做出这个决定的依据是否真实可靠，且还会将这个依据泛化。

（4）借口。为了给自己的失败找一个借口，有时人们会用错误的逻辑去形成一个信念。个人做了某件事情，却没有取得理想的效果，就可能将自己的失败合理化，找个借口为自己开脱。借口使用得太多，就会变成一个信念。当借口变成信念时，就会限制我们找到解决问题的办法。

（5）恐惧。限制性信念还有一个重要的来源，就是恐惧。在

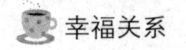

社会中，我们都害怕被批评、被无视、被拒绝，这些恐惧都会渐渐演化成限制性信念。

3. 怎样消除限制性信念

限制性信念通常形成于我们的童年时期，我们一生都在"创造"经历去符合这些信念。只要回顾自己的人生，就会发现很多经历都是相似的。

限制性信念会影响我们的生活，几乎会影响我们做的任何一件事——阻碍你发现机会，让你丧失尝试的勇气。要想消除限制性信念，就要将它找出来。那么如何找出你的限制性信念呢？

首先，看看你对自己的生活有哪些不满意的地方。比如，你想找一位伴侣，却发现自己很难和别人建立亲密关系，你会怎么解释这件事情？如果你是一位男士，可能会说："女人都喜欢有钱人，我又不是有钱人。"如果你是一位女士，可能会说："男人都喜欢年轻的女人，我已经不再年轻了。"

总之，你将现状合理化为自己无法解决的困难，这个解释很可能就是一个限制性信念。但是，你可能会说事实就是如此，甚至还能举出很多亲身经历去证明这个信念。你的信念就是以这样的方式运作的，你相信什么，就会得到什么，只有你完全不再持有这个信念，它对你的"魔力"才会消失，它才不会再影响你的生活。

有时候，限制性信念并不会以一种清晰的方式存在于你的头脑中。在生活中的某个方面，你感到不满意或难过，虽然你会乐观、积极地看待，但结果还是不尽如人意，那么在这个方面你可能就有限制性信念。比如，如果你的财务状况很糟糕，你有什么感觉？焦虑、愤怒，还是无助？这时你需要独自沉浸在自己的情绪中一段时间，顺着情绪去找出这个信念。因为每种情绪都可能代表不同的信念，比如，愤怒，或许说明你有个信念——我这样的人不配有钱；无助，可能说明你没能力挣到钱等。

找出这些限制性信念后，就可以按照下面的步骤慢慢消除掉。

第一步：将你的限制性信念写下来，好好感受它，感受它带给你的情绪；进入生活的种种不如意的经验里，充分感受这些不如意给你带来的痛苦、悲伤、愤怒、内疚或其他情绪。

第二步：从情绪中抽离出来，让成年的智慧告诉过去的自己：这些都只是你的信念，而不是事实。如果你希望自己获得理想的生活，就必须消除这个信念；"抱住"这个信念不放，你的目标将永远无法达成。你为它做的每一句辩护，都会让它变得更强大。如果想实现自己的目标，就相信它只是你的一个信念，而非事实。

第三步：尝试用一个新的信念去替代它。你可以用一个积极正面的信念去替代旧的信念，但如何才能知道这个新的信念对你有用呢？当你想到这个新的信念时，感受一下自己的身体和情绪，是否觉得充满了力量？是否有了正面的情绪？如果是，这个新的信念就是正确的。比如，如果你的财务有问题，就可以对自己说："曾经我的财务状况不好，但我从中汲取了不少宝贵的经验，这些经验足以让我以后受益。"

第四步：采取新的行动。跨出自己熟悉的领域，采取新的行动时，你可能会感到害怕或不适，但你可以告诉自己，我的行动要符合自己的信念。比如，如果你认为自己已经从过去失败的财务经验中吸取了教训，你会采取怎样的行动？如果你希望自己饮食健康，要成为饮食健康的人，每顿饭会为自己准备什么食物？

第五步：奖励自己。如果你确实想告别旧的信念，形成新的信念，并开始采取行动，一定要奖励自己。在不断巩固自己新信念的过程中，它会越来越坚固，不久之后，你的生活就会发生变化。

如何治愈童年创伤

每个人都有童年,每个人的童年都会或多或少地受到伤害。受伤的"内在小孩",会在我们长大成人之后深深地影响我们的生活、工作及家庭的各个层面,让我们不停地陷入创伤,重复创伤的模式。

在生命成长的过程中,事业财富、身体健康、婚姻家庭、亲子教育等方面出现的问题,都是有根源的,很多问题的根源是在童年。所以,对于生命成长来说,通过问题追溯进行童年疗愈,就可以实现生命的升华,进而改变人生。

童年创伤影响事业财富。对于事业财富来说,如果长时间处于负债当中,处于事业的逆境中,当事人会呈现一些性格状态,比如,不值得感、不自信、不绽放等。

人的性格并不是在工作之后才养成的,这种性格是在更早的时候就形成了。举个例子,小时候父亲对金钱非常紧张,母亲非常节俭,经常把钱藏在箱子底下,把一些好吃的东西藏在箱子里,过节的时候或重要的日子才会把它们拿出来等行为，会给孩子传递一种负面信念，认为赚钱非常不容易，需要非常节约。孩子接受了别人的红包，或向邻居要个鸡蛋，被父母严厉批评或打骂，孩子就会对金钱和物质产生恐惧，日后自己创业的时候，就不容易取得成绩，财富也可能会一直处于低谷。

童年伤痛影响婚姻关系。有个男孩，小时候父母经常吵架，他感到非常恐惧、紧张。为了阻止父母吵架，他甚至给父母磕头，但却没人听他的。男孩产生了深深的无力感，成年后他的婚姻也受到了影响。所以，在婚姻关系中有问题的人，大多需要追溯到童年，疗愈童年的伤痛，才可以将问题从根本上解决。

童年印迹影响身体健康。在健康方面，如果只是一点小问题，可能是在成年之后造成的；如果是慢性病或遗传疾病，或者是他那个年龄不应该得的疾病，极有可能是在童年时期受到原生家庭或亲属影响造成的。对于健康、情感和财富，无论是哪个方面，如果出现的问题比较大、比较严重，可以试着追溯到童年，很有可能找到问题的根源。只要我们带着一点耐心、一点爱心、一份坚持即可。

下面这篇文章像一扇疗愈童年创伤的大门，打开那扇门，就能看见问题、直面问题和解决问题。对于很多的童年创伤，比如，

第五章 心灵治愈

童年缺乏爱、呵护,以及受到的不公与评判,都有很大的帮助。

亲爱的"内在小孩",我的另一个自己,我想要跟你说一句"对不起",因为我的无助、无力和无知,曾无数次地伤害过你。

我曾无数次地打压你、掌控你,让你伤心,给你带来了痛苦与压力,让你为我承担着一切痛苦记忆,时刻记录着我的失意与失败。

你一直默默地支持和鼓励着我,现在我向你保证:以后一定会好好关注你的感受,不再让你遭受任何委屈与压力。希望我们合二为一,将以前所有的束缚及伤痛记忆释放出来得到疗愈,我们一起长大、一起合作,共同创造和享受幸福圆满的生活,好好爱自己、爱他人以及所有的生命……

童年创伤已经发生,逝去的时光也无法重来,逃避终究无法解决问题,只有正确面对,才有希望真正走出童年创伤带来的伤痛。

1. 了解、认识自己的童年创伤

心理咨询专家约翰·布雷萧认为,童年创伤会潜移默化地影响人的一生。换句话说,童年时一直埋藏、未能得到释放的情感,在成年后会演变成为负担和隐患,严重的还会进一步转化为心理疾病，并影响正常的工作、社交等日常活动。而这些"负能量"如果没能得到及时处理和释放，就只能以不正常的行为表现出来，如过激、不受控的言行等，长期的压力、焦虑状态甚至会导致严重的生理问题。

这时候，完全可以鼓起勇气直面伤痛，用心梳理一下自己的童年，梳理一下童年的伤痛，并了解这些伤痛是如何影响你现在的生活的，你是否可以做出一些改变。也许梳理的时候会让你感到很难过，但是，你必须去了解它、认识它。当你真正做到了解和认识它时，它就从潜意识变成了意识，这是你改变的第一步。面对童年时遇到的种种指责、挫折，我们要认识到，这并不都是自己的错，不应该怪罪于"我"。

2. 面对和承认童年的创伤

要想疗愈童年创伤，首先要承认和看见当年所遭受的不公平待遇。我们要为当初那个受伤的、受委屈的"小孩"平反。我们都曾遭遇过不公平，但父母也是普通人，他们已经尽力，我们可以充分承认这个不公平，不用害怕愤怒和怨恨，要充分地去怒、去怨，将那些被自己抑制的情绪发泄出来，让被怨恨覆盖的爱涌出来。

如果想真正爱自己，就要充分地为自己讲话。你可以通过

"控诉"父母来实现对自己的疗愈,但不要直接这样对父母,可以在镜子前控诉他们,想象他们就在面前,把你的委屈、不解充分表达出来。愤怒到极致就是悲伤,当悲伤来临时,接纳也就开始了。当接纳开始时,爱也就油然而生了。

3. 学会宽恕给我们带来童年创伤的对象

首先,要宽恕父母的局限。相信他们在内心深处是爱我们的,相信他们不是故意要伤害我们,相信他们自己也处在痛苦和纠结中。宽恕他们没有机会充分了解爱的真谛,宽恕他们可能没有被好好地爱过,相信他们对我们的态度不仅是他们所表现出的不好的一面,去回味那些最美好的甚至是他们出于爱而做出改变的,以及他们努力以后的一些表现。

其次,要宽恕那些给予我们不公和心灵打击的人,这些人可能是你的同学、亲戚、老师或陌生人。那些有意无意的伤害都让你记忆犹新,甚至你还在抱怨,还在自责,还在等待报仇的机会,可是你越这样,心情越受影响,越无法走出自己设置的沼泽。

最后,宽恕自己。宽恕当初自己没有能力照顾好自己,没有能力给自己安全感和自由;宽恕当初不懂得或不敢为自己发声;宽恕自己作为一个小孩的局限与弱小;宽恕自己为了适应环境而压抑、隐藏甚至扭曲了自己;宽恕自己没有能力去认识、觉察和摆脱困境、孤独和害怕。

当你学会宽恕自己的时候，就能宽恕别人了。

4. 主动寻求帮助来疗愈自己童年的创伤

对于童年创伤，一味地逃避根本无法解决问题，要有勇气去接纳它，允许它存在。

向内压抑不是解决办法，要尝试找到你亲近、信任的人，在心平气和的时候向他表达你童年的创伤经历。面对自己的心灵创伤，不要回避，有些问题不是假装看不见就真的不存在了，要接受自己的不完美，直面自己的问题。

人有社会属性，每个人都需要朋友，喋喋不休地诉说自己的不满，会引人厌烦，但是适当倾诉却能减轻许多压力。成年后把当年因害怕、恐惧而不敢表达的体验全部讲出来，有利于情绪疏导和直面童年创伤，并进行释放。如果实在说不出口，在网上找一个可以倾诉的陌生人当你的"树洞"，也不失为一种选择。

5. 寻找积极正向的自身资源和社会资源

积极的心态是克服童年创伤的有力武器，要从积极正面的角度看到自己身上的优势资源，比如，有健康的身体，有某方面的特长，有善良的心，有努力的动力，有改变的勇气等；同时，还要挖掘积极正向的社会资源，比如，你有几个非常要好的朋友，你有几个深爱你的亲人，你有几个非常欣赏你的老师，你随时可以找到倾诉的对象，你需要帮助时都会有人出现等。通过这些积极正向的自身资源和社会资源，让自己感受到支持和力量，给自己积极的暗示，让自己感受到安全，就能推动自己抚平童年的创伤。

6. 感谢现在的自己，重新开始新的生活

欣赏和感谢自己一路坚持下来，感谢那个不完美的自己，感谢自己还能有机会重新开始生活。

想象一下那个"内在小孩"：忍受了这么多，承受了这么多，受了这么多委屈，压抑了这么久，孤单了这么久，经历了这么多的无奈和痛苦……终于活到现在，有机会觉察和疗愈，有机会做自己，这是多么值得赞扬的事情。如果始终把自己当成一个受害者的角色，永远把自己当作受伤的小孩、无力的小孩，那只能获得痛苦。

你也可以把自己看作一个成熟且能为自己负责的人，尊重自己、陪伴自己、热爱自己、安慰和支持自己。如此，就能从伤痛中获得财富，从困难中变得成熟，即使你不习惯、不熟悉这样做，也请学着尝试，相信自己一定能做到。

7. 童年创伤无法彻底清除时选择共存

出现了不良情绪，不要苛责自己。在抑郁或焦虑的时候，给自己一点暗示："这很正常。""这只是童年创伤后的应激障碍，总会过去的。"哪怕无法彻底治愈童年创伤，带着伤痛和障碍努力生活，也强过坐以待毙。

找到那个童年受伤的"内在小孩"，和他对话，给他安抚，努力走出黑暗。如果你的伤痛无法完全化解，你的阴影无法完全抹去，不如把它当作自己生命中必须要过的一个关卡，或者把它当作帮助自己强大的一次经历，与它和平相处。

重建生命得从根部着手

在原生家庭中留下的所有心智漏洞与残缺，都已经被埋在了一个人生命大厦的地基处，为什么你觉察不到它的存在？因为你的生命大厦垒得还不够高，地基的脆弱还未暴露，当生命大厦足够高时，便可能会出现各种状况甚至倒塌。

你感到危机四伏、四面楚歌；你疲于应付、手忙脚乱……任何拆东墙补西墙的权宜之计与短期行为都无法真正逆转生命的走势，除非你敢拿出决心，回到地基，重塑你的生命之根，这也是真正有用的解决方案。

人生最大的敌人，不是别人，而是自己。同样是人，别人行，你也一定行。当你下定决心重塑自己时，整个世界都会为你让路；当你华丽地转身时，所有人都会为你喝彩。

在成长的过程中，在我们不断提升的过程中，总会期待着自己变得越来越完美，越来越强大，越来越明智，越来越富有。可是，在成长的过程中如果不能不断地重塑自我，不断地为自己注入新鲜的能量和营养，不断地为自己确立更高的目标和追求，多半很难顺利实现这些期待。

不断地重塑自我，美好的期待才有可能会实现。

1. 清晰可见的远景

原来的远景可能是模糊的、不清晰的，只有一个大致的轮廓。重塑自我，要有更加清晰的远景。例如，如果你想成为一名成功的企业家，你的目标可能是拥有一家年收入达1000万元的公司。这样的远景，好比我们为自己许愿，设立清晰可见的远景可以帮助你实现自己的目标，并取得成功。

2. 新的目标，新的期待

重塑自我意味着必须有新的目标、新的期待。新的目标，最好区分为短期目标和长远目标。短期目标，你要达成什么；长远目标，你要达成并获得什么。

最好用纸写下来，签名，拍照，然后装在相框中，让自己每天都可以看得到。看到目标，就能不断地提高自我暗示能力，提高自我对目标的把控能力，这样目标才更容易实现。就好比我们要去某处，需要提前规划好方向和路径。

目标明确，烙印在头脑中，就能激发出我们的想象力和创造力，勉励我们奋发向上，积极寻求改变。

3. 收拾行囊，重新出发

重塑自我就是重新出发。既然要去一个新的地方，就要收拾好行囊，做好充分准备，放下原有的思想包袱，重新出发。

重新出发，意味着要离开原有的自我，离开原有的空间，在新的时空中塑造自我，离开曾经乐在其中的舒适区，挑战自我，磨砺心志，承受苦痛，这个过程犹如凤凰涅槃。

4. 调适情绪，调适自我

进入新的阶段，要调适好自己的情绪，调适好自己的状态。无论重塑自我是去掉原有的不良习惯，还是重新形成良好习惯，抑或开始新的职业生涯，都有数不清的大小困难在等着我们。可是，一旦下定决心，就要排除万难，让自我在重塑中变得更加强大。

5. 积极行动，塑造新的自我

塑造新的自我，靠的是积极的行动，永远不要把已经安排好今天要做的事情留到明天去完成。唯有把握目标、把握方法、把握路径，并积极行动，完成每天的功课，才能在塑造自我的路上越走越远、越飞越高。

在重塑自我的过程中，每天都要在临睡前检视自我：看看今天的任务完成得怎么样，看看今天的目标达成了没有。经过每天认真严谨的坚持，就能最终实现目标。

6. 自我的战场，自我的时空

重塑自我，就是要开辟自我的战场，对所有会影响你达成新目标的人，都勇敢说"不"。

要想改变自我的状态，既要改变自我，也要改变身边的人。唯有形成新的自我时空场，我们的改变才会更加顺利。我们所思考的，我们所探索的，我们所追寻的，都在重塑我们的生活。

重塑自我，就是在新的战场上，要远离那些不相关的人和不相关的事。

7. 不适、恐惧和难受，是必须经历的过程

重塑自我，如同凤凰涅槃，要经历一个难熬的过程，才能获得新生。比如，我们要减肥，要重塑自己的身材，就要经历这样的过程。运动、营养、心态、饮食，都需要在精心的调理下才能起作用，而开始阶段的饥饿感、不适感、难熬感，会令人印象深刻。

又如，我们想开启新的职业生涯，从事完全不同的工作。在开始阶段都非常艰难，新环境、新同事、新要求、新任务，都在考验着我们。唯有适应、忍耐、提升和顺应，才能让我们站稳脚跟，然后步步向前。

经历过重塑自我过程中这段难熬的时光后，我们的信心会得到强化，我们的努力会得到认同，同时我们也会发现，我们距离目标的实现越来越近了。

8. 勇于面对不同境况，做好适时调整

重塑自我，既要放松心态，也要敢于面对各种复杂的状况，敢于面对各种艰难和挑战。

经历的事情越复杂，头脑才能越聪慧。实现新目标的道路不是坦途，有时它是一条曲折的波浪线，有时它是一条狭窄的山间小道，有时甚至需要跨越沟壑，翻越崇山峻岭。

重塑自我的过程中，我们会遇到别样的人生风景，会遭遇到不同的困难和挑战。可是，跟新的自我比起来，这些困难和挑战

又算得了什么？

9. 不断提升内在动力，新的自我终将形成

重塑自我的过程，既是对身体的重塑，也是对心灵的重塑。提升内在动力和形成新的自我需要认识自我、设定明确的目标、培养积极心态建立自信心，培养自律能力和寻求支持。需要持续的努力和实践，才能实现真正的内在动力提升和自我改变。

知道自己究竟想要什么

很多人的人生，并不是败在了能力上，而是败在了不知道自己想要什么上。

前段时间，为了快速提升自己的能力，小王买了几节线上课程，可她没听多少便搁置了。同事问她原因，她说有些课程根本不是她想要的。当时，她之所以会购买，纯粹是受到其他同事的鼓动，说那些课程多么神奇，多么有用，而当她真正开始学习时才发现，有些课程自己根本听不懂，更别说有用了。

后来，再有人向小王推荐什么，她都要再三甄别，挑选自己真正需要且对自己有用的，否则，就算别人说得天花乱坠，也不为所动。

生活中，很多人都会这样，看到别人学什么，自己也跟着学什么；看到别人买什么，自己也不想错过。总之，根本不考虑自己到底是否需要。最终，发现自己的生活里，多了很多不必要的东西。这不仅没有让自己进步，反而在这个盲目跟风的过程中，渐渐忘记了自己的初衷。

很多时候，我们容易把目光放在别人身上，别人有的，自己也要有；看到别人怎样，我们也要怎样，想方设法向别人看齐。可到头来，别人一路高歌猛进，我们自己却始终原地踏步。

其实，不同的人有不同的需求，那些对别人有用的东西，未必就真的对自己有用。生活始终是自己的，知道自己要什么，才是最重要的。

很多人终其一生都不知道自己真正想要什么，你若问他人生有什么规划，他会告诉你，走一步算一步吧。而真正知道自己要什么的人，不会被外界所打扰，更能专注地做自己喜欢的事情，从中获得快乐与满足。

在生活或者工作的过程中，总是浑浑噩噩地度过每一天的人，不知道自己到底想要什么，只是为了生存而去做某些事情。那么，如何才能知道自己到底想要什么呢？

1. 让自己实现经济独立

如果想知道自己到底想要什么，就要想办法先让自己实现经济独立。实现经济独立后，在你思考的过程中，很多你想要的东西就不会因为你经济不独立而产生阻碍。少了经济因素的困扰，你能更容易知道自己到底想要什么。

2. 有独立思考的能力

如果想要知道自己到底想要什么，就要让自己有独立思考的能力，按照自己的想法去做某些事情。这种情况下，就不需要别人来告诉你到底该做什么。有了独立思考的能力，就会更加接近自己的内心，找到自己真正的需求。

3. 立刻行动起来

如果想知道自己到底想要什么，通过独立思考来倾听自己内心的声音，特别真实的感觉就会从脑海中冒出来。在遵守基本原则的情况下，这种感觉会驱使你付诸行动，在行动的过程中，你就会慢慢找到自己想要的。

4. 改变现阶段所处的环境

如果想知道自己到底想要什么，可以试着改变现阶段所处的环境，比如，很多公职人员想要经商，却没有勇气脱离现在的工作环境和工作待遇，这种不敢舍弃的心态只能让他们无法做出改变。要尝试着在自己所处的环境中做一些改变，经历了一些变化后，就会更加清楚自己究竟想要什么。

5. 思考一下自己不喜欢什么

如果想知道自己到底想要什么，可以思考一下：自己不喜欢什么。当你得出自己不喜欢什么的结论后，心里那些真正喜欢的东西才会展现出来，你才能真正接近自己想要的。

6. 善待自己

如果想知道自己到底想要什么，在一些比较关键的事情上，一定要善待自己，千万不要为了某些原因而委屈自己。因为真正能对自己负责的人只有自己，不善待自己，就没有办法得到自己心里真正想要的。

7. 尝试一些好的生活方式

如果想知道自己到底想要什么，可以尝试一些好的生活方式，比如，你平时非常懒，可以强迫自己变得勤快一些，慢慢提高自己的自控力，慢慢地和以前不好的生活方式说再见，之后你做事情的时候，以前那些不好的生活方式就不会对你造成影响，你也会从不同于以往的生活方式中找到自己真正想要的。

8. 给自己找个真正的兴趣爱好

如果想知道自己到底想要什么，就要找到自己真正的兴趣爱好。因为在做自己喜欢的事情时，多数人都非常专注，在这些领域也特别容易出成绩。对于大多数人来说，自己真正想要的东西可能就存在于自己的兴趣爱好里。

问问自己：你到底需要多少钱？希望住什么样的房子，开什么样的车？喜欢做什么样的工作？具体答案只有自己知道，你的心从来都不会欺骗你，只需要你沉静下来，聆听自己真实的内心。

当你想清楚地知道自己到底想要什么，且确定自己是真的想要的时候，问问自己：可以为这个目标做些什么？

种瓜得瓜，种豆得豆。想清楚自己到底想要什么，然后去做自己该做的和能做的，至于什么时候能开花结果，坚持是最好的选择。

一切皆永无止境

一切皆永无止境。无论是学习、工作、生活还是其他方面，我们都可以不断追求进步和提升。只有不断努力和追求，才能让

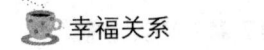

自己更加出色和有成就。

1. 目标有多远，能量就有多大

只看眼前，会感到迷茫和乏味；站得高一些，看得远一些，就能看到另外一个高度的风景，看到更大的希望。持续让自己成长，其实就是爬山，爬到那个高度，就能看到那个高度的风景；一直在山下徘徊，就不可能看到山上的风景，只能在山下反复欣赏眼前仅有的景色。

有的时候，我们就像蚂蚁一样在忙忙碌碌地不断寻觅，但不管找到了什么，只要没找到自己，所有的努力就都没有意义，无论你拥有多少、身在何处，都难以获得真正的满足。

生命中的很多问题都源于你没有找到自己，只要找到自己，爱上自己，一些痛苦也就没有了。

当你找到了自己，就不再害怕失去任何东西，也不用讨好任何人，那颗总想紧紧抓住的心自然也就能放下了。

当你发现了自己，就不会再去琢磨任何人，也不用去改变任何人，少了徒劳和妄念。

当你爱上了自己，就不会去取悦任何人，更不用去征服任何人，臣服于自己，便赢得了世界。

没有什么比找到自己更重要了。要放下所有无谓的寻找，去努力找到自己。找到自己的那一刻，所有的努力都会自动呈现出答案。

2. 不要将自己限制在量身定制的头脑框架里

活在自己头脑中，其实就是活在了自己给自己设计的人生框架中。

很多人被自己牢牢地限制在了自己量身定制的头脑框架里而不自知，虽然也觉得住在这个狭小的空间里不舒服，却又不想也不敢走出来，担心走出来不安全，但又不甘心处于这样乏味的生命状态，因而只能在头脑框架里寻找办法，企图得到广阔的、轻松的空间。

想想看，在这个狭小的空间中，能找到你想要的全新体验吗？如果能，不早就找到了吗？我们很难找到空间中根本没有的东西，要勇敢地为生命中的一切行为负责，无论想要什么，只要有方法，且一切合理合法，就可以坚定不移地快速行动，不要拖延时间，使生命立即止损，向着正确的方向前行，直到得到满意的结果。这是推动自己成功的最大助力，也是收获幸福的最好方式。

勇敢地跨出一步，就有可能获得万分惊喜，甚至步入一个充满奇迹的美好世界。

第六章　自我唤醒

知道和做到是世界上最远的距离

很多人总是将自己置身于人生的纠结和徘徊之中不能自拔，苦不堪言。殊不知，这痛苦的根源，就是我们无法跨越"知道和做到"这道鸿沟。

徐特立说："只有书本知识，没有实际斗争经验，谓之半知；既有书本知识，又有实际斗争经验，知行合一，谓之全知。"成功者都特别在意知和行之间的巨大差距。就像陶行知，为了让自己认识到知和行之间的差距，为了让自己意识到行在生命中的重要性，给自己改名"行知"一样。

陶行知并非原名，他在大学期间推崇明代哲学家王阳明的"知行合一"学说，取名"知行"。43岁时，他在《生活教育》上发表《行知行》一文，认为"行是知之始，知是行之成"，并改名为陶行知。

之后，陶行知也在不断用实践践行"行是知之始，知是行之成"这句话。例如，他认为，小孩必定是烫了手才知道火是热的，冻了手才知道雪是冷的,吃过糖才知道糖是甜的,碰过石头才知道石头是硬的等。

说起"知行合一",其实孔子才是最早的践行者。比如,孔子教导学生说:要"不贰过""不迁怒"。"不贰过"的意思就是人不能两次犯同一个错误,"不迁怒"则是说不要把自己在别处受的气转嫁到他人身上。拿"不迁怒"来说,最常见的就是丈夫在公司受了气,回到家把气撒在妻子、孩子身上;夫妻吵架,把气撒在孩子身上。在孔子的眼中,他的所有弟子中,只有颜回能在生活中做到这两点,其他还没发现谁能做到。孔子一生其实就是在教我们做人,因为人是一切的核心,人做好了,才能谈别的。

现实情况是:懂道理的人很多,会说的人很多,活得痛苦纠结的人很多,活得单纯、简单的人很少,说到做到的人很少;胡闯乱撞的人很多,被欲望牵着走的人很多,做金钱奴隶的人很多,享受当下生活、使生命不断成长并升华的人很少。处于浮躁、忙碌的生命状态中,人们都忘记了自己,弄丢了自己的初心与本性,越来越迷茫,内心越来越缺乏能量,在懵懵懂懂中消耗自己的生命能量,实在是可悲可叹,得不偿失。

很多人对我说,等我处理好手头这些事、忙完这段时间、做完这笔生意或等我挣的钱多了,我也来学习成长,喝喝茶,静静心，享受这样的生活。

我问他，你觉得你真的能等到那个时候再来学习找回自己吗？有那么一天吗？人生走错了方向，你真能享受到幸福的生活吗？

检修或保养车子的时候，都不是在公路上边开边完成的，同样地，我们也不可能在固有的方向、固有的习性中得到全新的人生。只说不做是对自己生命最大的不负责任，找各种理由使自己无限期地拖延时间、消耗能量，是爱自己的表现吗？你的金钱给你带来真正的幸福了吗？如果还没有，你真的需要问问自己的内心：你到底想要什么？你如今生活的意义及价值在哪里？如果你看到了自己想要的幸福人生的榜样，就不必再走弯路去探索了，只要直接学习榜样，去争取你想要的结果即可。

荀子说："不闻不若闻之，闻之不若见之，见之不若知之，知之不若行之。学至于行之而止矣。"那我们如何才能做到知行合一呢？

1. 学习新的东西

对现实的好奇，会让我们自然而然地去选择学习新的东西。从一定程度上来说，要开阔视野，获得提升，就必须不断学习新的东西。

2. 刻意练习

"天才"是训练的产物。刻意练习系统分为两个模块,分别为训练和反馈。明确了目标,就要进行反复的训练,因为积跬步才能致千里。同时,还要保持专注,把全部注意力集中于你的任务上,及时反馈,看到不足,让自己走出舒适区。

人为什么可爱又温暖?因为我们知道生活不易是常态,人生艰难是常态,我们愿意尝试和改变。我们不怕局限,更不怕承认局限,不给自己设限,脚踏实地、知行合一,才能跨越这条"知道"和"做到"的鸿沟,成就更好的自己。

想要得到而苦寻却没被满足的东西都在心里

很多人都存在这样的困惑:我的世界在哪里?我的幸福生活在哪里?我的亲密关系在哪里?我的财富在哪里?我的爱在哪里?我的快乐在哪里?我一直想要得到的、苦苦寻找却还没被满足的东西在哪里?所有的答案都能归结为:在心里。

内心有多宽广,就能容纳多少自己想要的;内心有多和谐,想要的就能和自己同频共振多久;内心有多清明智慧,就能创造多么豁达的人生。因为，心乃容万物之本体。

我们一直都在外求的路上苦苦寻找内心深处的爱与喜悦，但我们最想要的、最核心的生命宝藏却不在那里，不在除心灵之外的任何地方。既然外求了那么久，还没找到内心深处爱的源泉，完全可以重新换个方向和方法，向生命内在去探索，探寻那颗丢失已久的创造万物和容纳万物的心，洗涤心灵上的垃圾，激活内在的力量，开启爱与喜悦的源泉。

从外向内不断地清理、探索，开启无限智慧，每天就能活在鲜活、轻松、愉悦、美好的世界中，享受生命和生活。

庄子在《庚桑楚》中说："不能容人者无亲，无亲者尽人。"这句话的意思是说，不能容忍他人的人，也无法与他人亲近；如果不能与其他人亲近，也会被人们抛弃。

1. 和世界和解

这是个辩证而统一的概念，和外界格格不入的人，连自己的容身之处都找不到，又怎能容忍他人呢？因此，若要学会和他人友好地相处，必须先学会和这个世界和解。

对自己要有坦然的心态，对身边的事物也要抱有宽容的想法，不必事事太过苛求、非黑即白、追求完美主义。有时候我们看别人，总觉得有这样那样的缺点，总是怎么看也不顺眼。其实，如果细细地观察自己，并不见得就比别人好，或许在很多地方还不如别人。

2. 人要有包容万物的胸怀

世界从来都不是完美的，只有先接受其不完美的一面，才可能看到和享受那完美的另一面。

任何事情都有正反两面，很多不完美的现象，都出自于人的主观判断，存在很大的片面性。打个比方，那些致力于追求事业成功的人，总爱用"是否有用？有多大用？"作为判断事物好坏的标准，但是这"有用"和"无用"，从本质上来说，就是个相对的概念：现在没有用，也许以后有用；在你手里没用，也许在其他人那就能发挥巨大的效用。这只是一个相对的概念。

3. 心有多大，境界便有多高

包容万物，是庄子思想体系的重要观点之一。一方面，他可以看淡世事，承认和尊重不同的价值观，不会强行要求别人按自己的节奏来，不会把自己的观念强加于他人。另一方面，他对那些生活中不如自己的人，以及看起来不够完美的事，都能有很好的接受程度。同时，我们也要明白，任何个体都有差异，不要逼

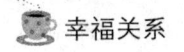

着自己强行铲平这些差异,否则会造成不良的后果。任何事情都有其根源,不能急于求成。

受害者情结的自我觉察

受害者心态是什么?这种心态是一种认为"自己是受害者"的想法,认为自己在生活里处处遭受着不公平对待,而自己对此根本无力控制。在这种状态下,你会认为自己很可怜,好像整个世界都在反对你,每个人都对你不好,自己时时陷在困境与被伤害的感觉里;你无法也不能采取行动,只能悲伤与自怜。

这里提到的受害者心态,不是家庭暴力、职场性骚扰,更不是巨大灾难的真正受害者的心理状态,而是一种不健康的自我防御机制。这种将一切不快乐、不幸福归咎于外人的方式,会让自己短暂地获得同情、安慰甚至照顾。

在我们的身边,很多人都有"受害者"心态,认为一切都是"别人"的错。无论在任何时候、任何地点、任何事情和任何人面前,他们总是不自觉地把自己当成受害者和弱者,把自己放在其他人和世界的对立面，没完没了地抱怨，负能量缠身。

实际上，这种心态是内在自我的匮乏与人生掌控能力丧失的表现。因为不是我的责任，我是不公平待遇的受害者，因此我无法做出任何让自己更好的改变。

1. 为什么有人深陷受害者模式无法自拔

从还没有习得语言的时候开始，每个孩子就都知道如何通过自己受到的伤害来获取养育者的关注和补偿。长大以后，我们甚至会替自己创造这种被伤害到想哭的感觉来寻求他人对我们额外的情感付出，获得他人的注意力和关心，获取被爱的感觉，从而逃避潜藏的真实感受，始终获得"我是对的"的感受……

受害者模式像一个保护壳，会将自己的问题、错误隔绝在外，推卸给他人。任何糟糕的事情，都是别人的问题，我没有错。在这种"我没有错"的想法的暗示下，认为其他人都是罪人，"都来给我道歉吧""都应该让着我"。而"加害者"也被可怜的面具所欺骗，选择心软和原谅。

渴望获得他人的注意和关心，让自己不必为人生的失败承担风险，不必背负心灵成长的责任，这些暂时看起来仿佛真的是好事，但是时间一长，你的生活也许会变得更加糟糕。

2. 受害者模式的危害

受害者模式会让一段关系中的另一方感觉很累,很想逃离。

"为什么分手?你当初说过一辈子对我好的。"

"你有男朋友了,就对我不好了,不陪我逛街看电影了。"

"是你把我变成今天这个样子的,你现在想离开,不可能。"

以上对话都是来源于现实。

男孩和女孩在一起两年,最终分手。他们是未婚同居,男孩拼命地赚钱,每个月几乎没有休息日,而女孩不工作,不赚钱,每天就在家里玩游戏、网购。男孩赚的钱用来养女孩,给她买衣服买口红,维持两个人的日常开销。

看到这里,也许有的读者会想,这不是正常的吗?但是分手的原因是基于以上的生活状态:

男孩下班回家要买菜做饭,刷碗洗衣服。男孩对女孩没什么要求,只希望她能帮着把衣服放到全自动洗衣机里清洗,其他家务都不用做,男孩回来晾衣服就行了。女孩不同意,男孩积累了很久的不满终于爆发了,争吵时,女孩说:"不要把你工作中的情绪带到家里来。"

当男孩向发小倾诉时,发小也替他感到委屈。几天之后,男孩就对女孩说:"我很累,我们分手吧。"女孩惊呆了,她没想到一直对她宠爱有加的男友会提出分手。

她苦苦哀求,男孩态度很坚决,她哭着说:"你凭什么跟我分手?我对你不好吗?为什么要跟我分手?"女孩又哭又闹,各种手段都用过以后,还是没能挽回这段感情。

善良的人通常都会尽力帮助一个他们爱着的"受害者"。但"受害者"这近乎病态的依赖感,会让对方感到压抑、被束缚、没有自由。而这种帮助与关心,也不会持续很久,受害者心态会导致自身所需要的关怀是一个无底洞,消磨掉对方心底的爱,也让对方感到厌倦,慢慢离开。

3. 超越对错,你值得拥有无条件的爱

只要在行为层面设定对与错的概念,就会出现两种情况:第一种情况,自己做到了就会去评判别人;第二种情况,自己做不到就会自责内疚,排斥自己。所以,我们共同的课题就是"我们

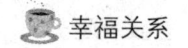

值得拥有无条件的爱"。

受害者模式就是把错推给别人，认为错不在自己身上，拒绝承认和面对自己犯的错，并通过道德绑架（比如年龄优势，未成年或已步入老年）来扮演可怜的受害者角色，让周围的人都站在他这一边，无条件地帮他，对他所做的错事和给别人带来的痛苦视而不见、只字不提，甚至那些支持他的人和他一起，向真正的受害者泼脏水，倒打一耙。

而这个装可怜的人也不会感到羞愧，因为他明白，他身边的人全都因为他天才般的受害者角色扮演而坚定地站在他这一边，给了他肆无忌惮伤害一个他看不顺眼的人的机会。

更让人生气的是，这个真正的受害者只要客观地指出这位"受害者"所犯的错误，他就会恼羞成怒，觉得自己真的受了极大的委屈，因为长期被太多爱包围着的人，会天然地认为地球是围着他转的，他不会去感受他人的痛苦和辛苦，理所当然地享受着别人带给他的一切，当有人稍稍指出他这种行为的错误，便会招致他海啸般的报复，不但会报复，他还会拉上那群坚定地支持他的人，一起来反对这个指出他错误思想和行径的人。

上演一场场受害者的戏码，推脱自己的责任，就是为了让别人知道："我没有错，我才值得被爱"，但往往这种方式会将他和爱他的人都带入歧途。

当你认识到即使自己犯错，即使自己不够优秀，也是值得被爱的时，你就不会那么害怕犯错了，也就不用再继续扮演受害者了。

作为成年人，我们应当勇敢地担负起自我成长的责任，拿回享受快乐的权利，摆脱受害者情结，做快乐的自己。

4. 你是否具有受害者情结呢？

以下18个特征的描述，有助于大家加深自我觉察。

（1）你容易抱怨周围的人与事，并常常感到难受和痛苦。

（2）你觉得生活总在对抗你，内心不得不保持斗争状态。

（3）对于未来，你感觉希望渺茫，不知所措。

（4）你觉得自己面临的问题就是巨大的灾难，感到很悲观。

（5）你觉得有人总是故意伤害你。

（6）你觉得自己是唯一一个遭受不公平对待的人。

（7）你的大脑中经常重演过去的伤痛记忆。

（8）即使没什么问题，你也会鸡蛋里挑骨头，抱怨、指责或否定。

（9）你容易自我否定，并否定他人。

（10）当别人给出建设性的意见时，你觉得自己被攻击了。

（11）你觉得周围的人都"比你好"。

（12）在竞争中不能出彩，你会贬低自己。

（13）你觉得生命中出现的问题都是别人的错，不是你的错。

（14）你觉得世界很可怕，却没办法改变。

（15）你会吸引跟你一样喜欢抱怨、指责，感觉生活伤害了自己的人。

（16）你拒绝自我反省，不愿意追求进步，更不想改善自己的生活。

（17）你觉得自己很无力，即使是面对生活中极小的事情，也容易受挫。

（18）你经常会跟别人分享自己的不幸和悲伤，想要博得别人的同情。没有得到时，你会感到非常沮丧。

学会给生命做减法

学会给生命做减法需要我们学会放下一些不必要的负担和压力，让自己的生活更加简单和轻松。这需要我们认真思考自己的生活和价值观，并做出积极的改变。以下是一些建议，可以帮助你学会给生命做减法。

1. 通过反思清理思维

注意力会占据大脑相当多的资源，会消耗我们大量的时间和精力，因此我们应该对自己的想法进行筛选。清理思维，通常需要两步。

第一步，建立思维清单，记录大脑中的想法。大脑每天都会储存很多思绪，有些对我们有用，有些没用，只有将其记录下来，才能更好地筛选和排除。将重要的遗弃，不重要的保留，这种做法非常可怕。

第二步，筛选思维清单当中的干扰项。排除干扰项是整理思维清单的重要一步。那该如何排除呢？可以问自己两个问题：这个想法对于我们是必须的吗？这个想法对于我们很重要吗？如果答案都是否定的，这样的想法对于我们来说就是干扰，就要通过我们每天的反思或反省将其舍弃掉，留下那些必须且重要的想法。

2. 通过计划保持好奇心

不积跬步，无以至千里；不积小流，无以成江海。一口吃不成胖子，只有将梦想和目标任务拆解成诸多小计划，从中找到好的方法，才能逐步实现梦想和目标。没有好奇心和纯粹的求知欲为动力，就不可能进行长期的学习。所以，保持好奇心尤为重要。

保持强烈好奇心的方法有三个。

（1）有清晰的规划和任务。国家发展有规划，人生进步也需要有规划。有了规划，任务清晰，才有奋斗的目标。目标明确，动力才会足。

（2）完成每个小计划的时间要小于一个月。将一个小计划的时间定为小于一个月更利于计划的执行和完成。

（3）让自己的计划不受阻碍。断掉那些没必要的人际交往，舍弃那些对于计划没帮助的行为，远离充满各种纷争的环境。

3. 通过专注实现持续的投入

每个人的出生和学历是不同的,每个人的际遇和遭遇也不同,但是对于每个人来说,时间是相同的,每天都是 24 个小时。时间不会等我们,时间每天都在流逝。我们无法创造时间,只能充分利用时间,寻找属于自己的道路,并专注地去实现目标。

完成各种小计划的时候,我们的专注度是有限的,需要每天更新自己的思维清单,坚持每天的小计划。想法简简单单,每天的行动才能一往无前,过多的思绪,只会干扰每天的行动。